心理励志文丛 ｜ 为心「疗伤」

行为背后的心理秘密

———— 孙朔南／主编 ————

团结出版社

图书在版编目（CIP）数据

行为背后的心理秘密／孙朔南主编. —北京：团
结出版社，2019.1
ISBN 978-7-5126-6594-1

Ⅰ．①行… Ⅱ．①孙… Ⅲ．①行为-心理学-通俗读
物 Ⅳ．①B848．4-49

中国版本图书馆 CIP 数据核字（2018）第 206836 号

出版：团结出版社
（北京市东城区东皇根南街 84 号 邮编：100006）
电话：（010）65228880 65244790（出版社）
（010）65238766 65113874 65133603（发行部）
（010）65133603（邮购）
网址：http：//www. tjpress. com
E-mall：65244790@ 163. com（出版社）
fx65133603@ 163. com（发行部邮购）
经销：全国新华书店
印刷：三河市金轩印务有限公司

开本：640 毫米×920 毫米 16 开
印张：15
印数：5000 册
字数：200 千字
版次：2019 年 1 月第 1 版
印次：2019 年 1 月第 1 次印刷

书号：978-7-5126-6594-1
定价：39. 80 元

前　言

Preface

　　弗洛伊德说："任何人都不可能保守住内心的秘密，即便他的嘴巴保持沉默，但他的指尖却喋喋不休，甚至每一个毛孔都在悄无声息地背叛着他。"这句话并非骇人听闻或夸大事实，一个人内心的秘密的确有迹可循、可察端倪。当然，不否认人是自然界中最复杂的生命体，而人"心"更是深不可测，有时你绞尽脑汁反复揣摩对方在想什么，但事实上却不可想象，这就是人心让我们匪夷所思的一面。

　　如此结论，似乎与弗洛伊德所言相悖，其实不然，弗洛伊德所言是指根据一个人心理动机的外在行为反应，作出的判断；而不知对方所思所想，主要原因是我们无法读懂一个人的外在行为，所以不能准确把握其内心。例如，在小型聚会上，你无法通过对方坐立的姿势了解其性格；职场中，老板一个微小的动作，你却不知道他在想什么；与客户交流时，对方皱了一下眉，你不知道对方想表达什么意思。总之，如果不能通过对方的行为了解其内在心理动机，你会在生活中遇到很多困难，一旦掌握了各种行为背后的心理秘密后，你会发现，研究人、了解人、认识人是一件非常有趣的事情。因为一个人的语言有时是靠不住的，大多数人都能操纵自己的语言，为了掩饰自己内心的真实状态而选择说谎。然而，语言可以骗人，但人的行为却不会作假，行为只会反映一个人内心的真实想法。只要我们懂一点行为心理学，那么就能读懂对方行为背后所隐藏的含义，就能读懂对方的内心世界。

其实，人生就是一场博弈，与自己博弈、与事物博弈、与他人博弈；生活就是一场较量，在较量中获取自己想要的东西。无论博弈或较量，了解对方的行为是基础。只有这样，你才能准确无误的察觉到对方内心的真实意图，然后做出正确的判断，让自己伸屈自如、沉着应对，它的好处是，可以帮你节省时间、精力、金钱，避免上当或者产生误会。因此，对于一位有上进心、渴望成功的人而言，读懂行为背后的心理秘密至关重要。

诚如苏格拉底所言："高贵和尊严，自卑和好强，精明和机敏，傲慢和粗俗，都能从静止或者运动的面部表情和身体姿势中反映出来。"本书是一本通俗易懂的心理学读物，教你从面部表情、行为举止、言谈之间、衣着打扮、生活习惯等方面捕捉、分析、判断他人。

相信读完本书，你就能掌握行为心理学的精髓，从而正确解读他人的行为，达到"世事洞明，人情练达"的境界，继而在复杂的人际关系中游刃有余、得心应手。那么，你就能在日常生活中获得真挚的友情，得到贵人的帮助，防范小人的阴谋诡计；就能在职场中获得领导的重视，得到同事的友爱与下属的拥护；就能在情场中获得甜蜜的爱情与幸福美满的婚姻。

目 录

Contents

第一章 相由心生：
通过面部的微表情解读内心

第二章　巧手能言：
观察手部行为解读内心

第三章　腿脚的秘密：
根据行为巧妙分析心理

第四章　习惯使然：
日常行为表达的真实心理

第五章　百变姿态：
每个姿势都在传递着心理信息

第六章　穿戴装扮：
衣着服饰透露心理真相

第七章　撕破伪装：
让谎言无所遁形

第八章　用反应识人：
根据应激行为巧妙读心

第一章　相由心生：通过面部的微表情解读内心

与他人交往中，无论一个人城府多么深，但在其表情或动作上总会留下一些痕迹，如一个眼神、一次噘嘴、一次蹙眉，都在传递着某种信息。通过解读对方五官的微妙变化，可以从中破解出对方的心理活动。

通过眼睛直击对方内心变化

读懂人心并不难，只需把心静下来，仔细地观察他的眼睛、他的表情、他的动作、他的神韵……这个时候你会发现，每一双眼睛都反映着一个人内心的情感与思想。所以，将眼睛比喻为"心灵的窗户"，不但是一种文艺范儿的称呼，同时也极具科学性。

古希腊神话中，女妖美杜莎的眼神具有特异功能，她只要向别人看一眼，对方马上会变成石头。这充分说明眼神的威力。日常工作或生活中，如果忽略了他人的眼睛，就无法了解对方的心理变化。

三国时期的诸葛亮就是一位通过眼睛识破对方心理活动的高手。

有一次，曹操派一位刺客去刺杀刘备，从而解决掉自己的心头之患。刺客见到刘备后，没有机会下手，便和刘备讨论如何削弱曹操的策略，希望借此赢得刘备的信任。两人正说着，诸葛亮推门而入，刺客心虚，借故上厕所。对方离开后，刘备对诸葛亮说："这位奇士非同一般，可以帮助我们灭曹。"

诸葛亮却不这样认为，他叹了一口气，说："主公的看法，与我恰恰相反。"

刘备一愣，问道："先生何出此言。"

诸葛亮说："刚才我观察了这个人，发现他神情畏惧，和我四目相对时，视线漂浮不定，说明他内心藏有奸邪，他应该是个刺客。"

刘备一听，既惊讶又不相信，马上命人去厕所找那位奇士。让刘备想不到的是，刺客早已翻墙而逃。

在瞬息之间，透过眼神的变化，看出一个人的目的和动机，固然需要先天的智慧，但更多的是靠后天的努力，因为这种智慧是在环境中磨炼和培养出来的。诸葛亮能够看透此人，主要是从他的眼神闪烁不定中发现破绽的。而生活中，常有那些仪表不俗、举止轩昂之辈，想一眼识破他们的行径，可能就比较困难了，王莽就是这种类型的人。

总之，一个人的眼睛往往能真实地反映他的灵魂，所以我们一定要学会看别人的眼睛，从眼神的无意变化中，窥出其本心。

如果说看人先看眼，那么，人的一生中会遇到各种各样不尽相同的眼睛，每双眼睛也都有着不同的内容，比如思维、心性。通过眼睛的微表情，我们可以解读出许多有趣而生动的内容。

1. 眼神偏离意味着什么

如果你在和一个人谈话，但是他的眼神一直不在你身上，那么就说明，这个人对你说话的内容可能一点儿都不感兴趣，或者是对你没有什么好感，也就是不大尊重你，也有可能是在想自己的心事，你们之间的谈话，他根本就没有留意。但是需要注意的是，如果是上司，你的下属在和你谈话的时候，一般是不大可能一直盯着你的眼睛看的，下属在和自己上司谈话时一般会流露出害怕、担忧、羞怯或者是自卑的眼神。

2. 眼睛盯着你和瞪着你说明什么

如果你在和对方谈话时，他一直盯着你看，瞪着你，而且还时不时地说一些比较消极的话，比如说"唉，没有什么办法了，就这样了"等，这说明他很可能之前说谎了，现在是故作镇定，因为他担心自己的谎言很快就被揭穿。

3. 眼神灰暗的表情信号

如果对方的眼神比较灰暗，那么传达出来的就是消极的信号，比如你们的合作他很不看好；如果眼神积极、明亮，那就是积极的信号了，他对彼此的合作是很有信心的，也很愿意和你合作。

4. 目光躲闪的表情信号

如果一个人的目光总是躲闪对方，说明他缺乏足够的自信心，怀有自卑感，性情懦弱。

但如果是一对恋人，那么躲闪的目光则有另一种含义，表明他（她）由于倾心于对方而感到紧张或羞怯。我国著名作家巴金在他的《旅途随笔·一个车夫》中写道："我借着灯光看小孩的脸，出乎我意料之外，那完全是一张平凡的脸，圆圆的，没有一点儿特征。但是当我的眼光无意地触到他的眼光时，我就禁不住大吃一惊了。这世界里存在着的一切在他的眼里都是不存在的。在那一对眼睛里我找不出一点儿承认任何权威的表示。我从没有见过这么骄傲，这么倔强，这么坚定的眼光。"巴金以作家特有的观察力，在无意中躲开了对方的目光，但是又在无意识中触到了对方的眼光，这个事例说明，躲闪的目光实际上是躲而不闪，躲中有闪，闪中有情，闪中更有新意。

5. 目光斜视的心理透视

对于目光斜视，一般有两种情况：一种是中国古人所云，眸子不正则心术歪也；另一种情况是指并不相识，或不大熟悉的人之间的一种情况。

在中国古典文学名著"三言二拍"的《醒世恒言·两县令竞义婚孤女》一文中，有这样一句话："眼孔浅时无在量，心田偏处有奸谋。"心田之偏，藏于脏腑，何以知之呢？在古人看来，两眼歪斜，心术不正。在作家的笔下，对眼睛的描绘就更为生动了。美国著名的作家杰克·伦敦在作品《一块牛排》中出色地描述过这样的一个人："他简直像个野兽，而最像野兽的部分就是他那双眼睛。这双眼睛看上去昏昏欲睡，跟狮子的一样——那是一双准备战斗的眼睛。"俄国作家屠格涅夫在《春潮》中也描述过一双强者的眼睛："那双亮得几乎变白的大眼睛现出冷酷的迟钝和胜利的满足的神色。只有鸷鹰用爪撕裂一只落在它爪子中的鸟儿时，才会有这样的眼神。"

6. 眼睛为什么上扬

有些人有时说话眼睛喜欢上扬，这往往是一种假装无辜的表现。如果某个人的眼睛往上扬，那么他可能心里有很多不可告人的秘密，害怕被别人知道，而且这类人喜欢夸大事实；如果眼睛下垂，就表示他有轻蔑的意思，偶尔也传达出对对方的不关心。本质上这类人是自私的，很任性。

综上所述，通过眼睛微表情的分析，我们可以归纳得知：正眼视人，显得坦诚；躲避视线，显得心虚；乜斜着眼，显得轻佻。

另外，眼睛的瞳孔可以反映人的心理变化：当人看到有趣的或者心中喜爱的东西时，瞳孔就会扩大；而看到不喜欢的或者厌恶的东西，瞳孔就会缩小。目光可以委婉、含蓄、丰富地表达爱抚或推却、允诺或拒绝、央求或强制、询问或回答、谴责或赞许、讥讽或同情、企盼或焦虑、厌恶或亲昵等复杂的思想和愿望。

眉毛传递出来的信息

有这么一个笑话：

一天，人的面部五官吵了起来，为的就是想要争论出谁是五官中最重要的器官，谁才是五官中的老大。于是，每个器官都自吹自擂地讲起了自己的重要性。

眼睛说："我是主人必不可少的，因为我负责视觉，让他看到这个世界。如果没有我，世界将是一片黑暗，太可怕了。"

耳朵说："我负责听觉，我能够让主人聆听这个世界最美好的声音。如果没有我，美妙的音乐听不到，甜言蜜语听不到。如果走在路上，身后的汽车向他鸣笛他都听不到，那多危险呀！"

鼻子说："我能够让主人过得更幸福，让他闻到这个世界最美好的味道。一个失去嗅觉的人生，是不完整的人生。"

嘴巴说："要说，我是最重要的，没有我，主人就没办法说话，有话难言，多难受啊！我还负责味觉，负责主人饮食饱腹的生计大事。"

讲完之后，大家都不约而同地将目光转移到了眉毛上，等着它为自己证言。

然而。眉毛涨红了脸显得十分不好意思地说："我是为了漂亮而存在的，人没有眉毛岂不是很难看……"

"哈哈哈……"其他四官笑了起来，说道，"如果说人必须从五官中选择抛弃一个，你认为从重要的角度出发，人会选择抛弃谁？好吧，我们可能评选不出来最重要的那个，但最不重要的那个却很好评选，那就是眉毛你，没有实际作用，有没有都一样！"

的确，我们也好奇造物者的用意，眉毛在五官中究竟是怎样的一个存在？它不像眼睛、耳朵、鼻子、嘴巴那样负责人的视觉、听觉、嗅觉、味觉，却与之共同存在于人的面部。

然而，眉毛间所附的肌肉组织以及肌肉纹路（皱纹）的变化等，都可以向外表达出丰富的情感变化。比如眉毛渐变为"眉头压低、眉梢上扬"的柳眉，则表示愤怒了；"横眉冷对"则表示挑战、挑衅、敌对等情绪；挤眉并附带着弄眼，则表示在示好、戏谑、诱惑等；眉毛上扬同时深呼一口气，便是我们常说的扬眉吐气，这往往表示压力得到有效排解或暂时排解，或是某种事物、某种发泄让他感到十分畅快……

这些可能就是人们通常所说的"以眉传情"。下面，我们不妨来解读几种眉毛的语言。

1. 眉毛上扬

眉毛在上扬的同时会略微外开，两眉之间的肌肉以及眉毛与眼睛之间的眼皮会得以伸展，原有的细纹也会被拉平，而眉毛以上额头部位的皮肤则会呈现出因眉毛上提而引起的皮肤褶皱，两眉同时上扬时则呈现出水平式的长长的皱纹。

当你发现某人在谈话中两个眉毛由平静渐渐地转变为同时上扬之势，那则表示眉毛在告诉你，它的主人此时正处于极度惊讶或是十分欣喜的状态。如果对方在双眉上扬的同时再深呼一口气，便是表达心中的畅快与如释重负的感觉。

如果你发现对方眉毛呈现出"单眉上扬"，则说明他对于聆听对象所说的话、所阐述的观点或是所做的事情表示出极度的不理解，心中疑惑。

2. 眉毛微皱

皱眉其实是人的表情中最为常见的，因为它有着很多本能性的反应，尤其是当人感觉到危险或是强烈事物刺激时，眉毛便会瞬间随着人的心理感受做出反应。举个最简单的例子：当人在遇到强烈光亮照射时，眉毛便会很快皱起来以保护眼睛；当有拳头向人的脸部或是眼睛挥来时，人也会本能性地紧闭眼睛，同时眉毛紧紧地皱在一起。这便是一种极为典型的心理受惊、自我保护的反应。

当然，并不是所有的皱眉都表示心理受惊与自我保护。

比如，当你在与人沟通过程中，你滔滔不绝时，对方很少言语甚至是不说话，始终沉默，但同时也眉头紧锁，这往往说明对方在思考、沉思。有几种可能：一是他暂时不发表意见，而是在认真思考自己接下来的对策；二是他根本没有在听你讲话，思维神游到了其他领域、其他事情上面，在用心地思考别的事情；三是他十分认真在听你讲话，但遇到了难题，觉得不认同，有疑问，在没有直接询问你之前，他在"自我解答"的过程中。具体属于哪一种，可以结合其他面部表情和现实情况做出综合的判断。

如果你在滔滔不绝的过程中，对方始终平静，眉毛也处于自然平静的状态，但在某个瞬间眉毛却轻轻地皱了一下，却很快又恢复平静了。这说明对方很可能是个情商高手，喜怒不形于色，即便对你的话有反应也在刻意地控制。这种人可能常常摸爬滚打于商场，经常出入谈判场合，谈判时关乎个人利益或者是公司前景，所以谈判的高手段之一就是不表现出过多的微表情、微反应，从而"出卖"自己的内心，久而久之，在生活交往中也形成了这种习惯。

所以，在某个瞬间他未能忍住，皱眉一闪而过，可能是不经意的本能反应，连其本人也未能察觉到。这种反应表示他在皱眉的那个瞬间，你的话引起了他的情绪跳动。

3. 眉毛呈现一升一降

就好像人在耸肩时的动作一样，一升一降，眉毛在上提时会有短暂的停留。

当你在与人交谈时发现对方的眉毛突然一升一降，如果这一动作发生在"你讲他聆听"的状态，这表示对方在你的言论中听到了令他惊奇的东西，如果这一动作发生在"他讲你聆听"的状态，那表示对方讲到了重要之处，提眉是一种用来强调话语的小动作。

4. 眉毛呈现一边上扬，一边下降

这种情况多发生在男性，当对方表现出"一边上扬，一边下降"这种介于扬眉与皱眉之间的表情，整个面部表情会看似一半激荡一半恐惧，此时上扬而起的那半边眉毛就好像是提出了一个问号，这就反映了对方的真实心理——怀疑。

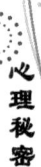
5. 眉毛呈现快速上下闪动

相对于"一升一降"在升起之后做短暂的停留，这一动作的不同之处便是快速地闪动。

在很多人看来，这似乎很明显是一种"挑逗"的信号，其实这并不完全对。的确，在某种情境中，如果一个陌生男人对你如此闪眉，在毫无情感基础的情况下，自然挑逗的概率大些。但如果是相互认识，尤其是许久不见的老朋友见了面，一方甚至相互做出这样的动作，反而是一种欣喜的信号。另外，即便是陌生人，如果是在欢迎仪式、接待等场合做出这样的动作，就不能定义为挑逗，而是一种欢迎、友好的行为。

如果你在较长时间的谈话中发现对方喜欢时不时地快速闪动眉毛，那么不妨继续寻找一下规律，这样也许你会发现对方喜欢在说某些自认为重要的话与词时，做出这一动作，用来加强语气。

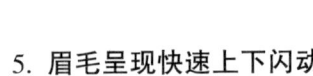

眼皮跳动折射出真实的心理特征

眼睛被誉为"心灵的窗口"，但很多人都忽略了，眼皮正是打开这扇"窗口"的"大门"。FBI（美国联邦调查局）的探员通过与嫌疑人眼神之间的接触，能够窥探到嫌疑人的心理活动。事实上，人本身就是视觉性动物，人的视觉能够影响人的心理现象，而反过来讲，心理状态也能够由眼睛外延到外界。正如，人们在形容一个人的眼睛时经常说"你的眼睛炯炯有神"，其中，这个"神"就是神韵，即人们心理特征的表露。但是，如果眼皮不打开到最大的限度，眼睛是无法做到炯炯有神的状态的。

其实，眼皮的动作并不比其他部位少。比如，眨眼就是人们的眼部经常做的动作，仅仅这样一个常见的动作，就代表了很多含义。通常，眨眼可分为两种：一种是有意识眨眼；另一种则是无意识眨眼。有意识的眨眼非常明显，是受到大脑指示而做出的动作，而无意识的眨眼活动，则是在不知不觉中完成的。行为心理学家指出，在正常情况下，人们的心情处于一种放松状态时，眼皮每分钟会眨动6—8次，而眼皮张开闭合的时间却只有0.1秒。这种间隔时间通常是比较正常的频率，而一旦这种频率被打破，那么就说明对方的心理出现了起伏，开始不正常了。所谓的非正常心理状态，则是指人们心情的变化，比如，紧张、慌张、愉快等，这个时候眼皮跳动的频率就会发生明显的变化。

行为心理学家分析，造成这种情况的原因可能是因掩饰某些秘密而让自己的内心无法平静。比如，嫌疑人说谎时担心警官把自己的谎言识破，在这种担忧和压力之下，嫌疑人或许能控制自己口头上的言辞，但是却无法控制自己眼皮的跳动，嫌疑人总会做出不停眨眼的举动。很显然，眼皮不停地跳动并不是一种常态，而出现这种情况时最好的解释就是，对方想要掩饰什么信息。

一天，休斯顿的一家旅馆发生了一起恶性的纵火事件，在火灾中丧生的人超过了百人，所以引起了FBI警部的高度重视。很快，一名旅馆的保安人员成为了FBI的探员怀疑的对象，因为最先烧起的地方，正是这名保安人员负责的范围。

于是，FBI的探员对这名保安进行了详细的询问，以确定他当时是否在案发现场。

FBI 的探员问："着火前的时间，你在哪里？"

保安说："当时，我因为肚子不舒服，去了洗手间。"

FBI 的探员接着问道："有人证明你当时在洗手间吗？"

保安想了想说："抱歉，大概没有，因为我进去的时候，没有看到熟人。"

FBI 的探员直接发问："你是否参与了纵火？"

保安瞬间睁大眼睛，说："怎么可能，我是不会做出这种事情的。"

FBI 的探员再次提问："那么，起火时你在何处？"

保安说："我……我当时在洗手间洗手，听到外面的惊呼声，就立刻跑出来了。"

虽然保安在回答的过程中，表情上并没有什么变化，但是细心的 FBI 的探员还是发现他在回答"案发时在哪里"的问题时，眨眼的频率快了一些。这让负责审问的探员立刻明白，这名保安所说的话语中存有谎言。最终，在 FBI 强大的压力之下，保安不得不承认，自己在案发时，离开岗位许久，并不是如他所说，用了一点时间去了洗手间，而是同旅馆中的女友在房间里待了一个多小时。不幸的是，在他离开的这段时间里，两名纵火犯乘虚而入，引发这一悲惨的结果，而因为怕承担失职的责任，所以这名保安才说了谎。

在审讯的过程中，FBI 的探员没有放过这名保安的任何动作，并且在观察到保安面对一些敏感问题时，眼皮的特殊跳动信号，让探员明白应该乘胜追击。虽然保安的做法并没有造成直接的犯罪，但是却要承受擅离职守的惩罚。行为心理学家研究发现，眼皮跳动的频繁动作，除了是因为说谎而产生之外，人们在受到威胁时，眼皮也会频繁地眨动。

在日常生活中，你也可以跟随眼皮的变化，分析别人的心理态度。比如，在人际交往中，当你在说话的时候，对方做出了频繁眨眼皮的动作，这说明他根本不想和你继续交谈下去，所以他的眼皮闭合的时间通常会持续三秒，甚至更久，仿佛是在说"赶紧从我的眼前消失"。如果对方的眼皮放低，后脑朝下，下颚轻微抬起，眼帘呈半打开的姿势凝视你，这表明对方持藐视的心理状态。此外，当一个人感觉到自己不被重视时，也是会做出眼皮半打开这一眼部动作的。总之，在看到对方做出此类姿势时，要根据事情的实际情况进行分析。

在人际交往中，如果对方眼皮跳动的频率变得拖沓，则说明你所说的内容不够精彩，无法吸引对方的注意力和引发对方的兴趣。如果你认为别人这样是对你的不尊重，那么你可以给予相应的回应，或将谈话刻意地停顿一下，和对方的眼神做一个交汇，此时对方就会明白，你希望他打起精神来听你说话。需要注意的是，女性眼皮的眨动是和男性不同的。比如，在现实生活中，常常会出现这样的情况：在一些场合，一个女性在男性身边擦肩而过的时候，微笑着对男性眨了眨眼睛，或抬了抬眼皮。这样的女性通常比较有自信，并且她们相信自身的魅力，而这种做法也是为了向异性展现自身的魅力。

与充满自信的女性相比，男性如果频繁向异性眨动眼皮，那么他在潜意识中已把自己当成了帅哥，对自己的容貌或身份背景非常自信，相信自己身上是带有魅力的，能打动女性。因此，即使男性没有"帅气"的外在形象，而他敢于在他人面前如此展现

自己，再加上眼部的举动产生的影响力和感染力，也能让自己获得更多的人缘，博得一些女性的青睐。此外，无论是男性还是女性，喜欢向别人眨眼、挑眉的人，性格通常都比较自信，喜欢追逐潮流和时尚，喜欢受到众星捧月般的对待，成为人群中的焦点人物。

不同笑容的心理解码

一天，洛杉矶的一家银行发生了资金丢失的案件。相关人员立刻报警。FBI接警后，马上派出探员进行调查。

银行的行长配合FBI的探员对金库以及业务上的来往进行仔细排查，并没有发现可疑之处。问题究竟出现在哪里呢？FBI的探员经过一番思考，将目光盯到银行的数据上，这时行长为探员提供了一条线索，说半个月前，一位名叫克莱斯的电脑技术员，对银行的数据系统进行了一次升级与维护。

FBI的探员得到这个消息后，马上传唤克莱斯。问询过程中，克莱斯沉着冷静，对探员提出的问题一一作出回答，并坚称银行资金丢失与自己无关。FBI的探员从他身上没有获得任何有用的信息，只好相信他是无辜的，决定放他回去。就在克莱斯转身离开之际，嘴角边闪现出一丝冷笑，恰好被FBI的探员捕捉到了。于是，FBI的探员立即说服上司，对克莱斯进行一次高强度的审讯。在强大的心理攻势下，克莱斯终于承认了自己是银行现金盗窃案的罪犯。

一丝不易察觉的冷笑就能成为一起现金盗窃案的破案线索，这种从笑容的背后窥视对方内心变化的技巧值得我们每一个人学习。FBI的探员在阅人的时候，总会非常仔细地观察他们的笑容，并且非常善于从他们的笑容中获得比常人更多的信息。

人们的面部展示了丰富多彩的表情，而笑是呈现在脸部的重要表情之一。笑容是世界上最美好的东西，它能够让别人感觉到温馨与快乐。但是并不是所有的笑容都令人感到舒服，如奸笑、冷笑、嘲笑等，都让人不悦。虽然微笑能够伪装，但FBI的探员依旧能从中读懂对方的内心。微笑是人们经常出现的表情，却不仅仅包含一种意思。所以，对于微笑所蕴涵的意味，人们需要深刻地了解、谨慎地分析，才能读懂人心。

笑是最直观的，也是反映人们内心世界最重要的因素。由于人们个性和所处环境的不同，表现出来的笑也会存在一定的不同。不同的微笑蕴涵了丰富的内心世界的变化情况，通过这些可以更加直观地了解一个人。

1. 抿嘴笑的人

这是一种常常出现在女人脸上的微笑方式，这种微笑的意思更多地表示女士们想要表达拒绝，却又在其中透露出了羞涩、含蓄、调皮的意味。那些笑起来抿着嘴的人总喜欢掩饰一些内心的想法，因为他们内心的真实想法可能与之前所说的话有一定的差异。露出这种笑容的人的大脑中正在进行着激烈的思考，或者此时内心非常忐忑。一般来说，抿嘴笑的人最直接的表现就是一种潜在的拒绝。

因此，遇到抿嘴笑的人时，一定要提高警惕，通过他们的言谈举止来判断他们所说的话的准确性，千万不要被他们的模棱两

可的话语欺骗了，更不要指望能够直接从他们的嘴里得到有价值的信息。比如当一个人称赞某一个人或某一件事情的时候，如果当他说完话以后开始抿着嘴微笑，那么他们内心深处的真实想法可能与之前所说的话存在一定的差异，只是这个人善于隐藏罢了。

2. 皮笑肉不笑

通常来说，那些经常皮笑肉不笑的人总喜欢阿谀奉承，他们对待比自己强势的人，总显得特别卑微，而对待比自己弱势的人总是一副趾高气扬的样子。

皮笑肉不笑也被称为是阴阳笑：一张脸上会出现两种不同的表情，一方面这个人会把微笑留给别人，他们笑得非常灿烂；而另一方面又会出现紧皱眉头的情况，好像阴冷的冬天一样。这样的人在与人交往的过程中会表现得非常狡猾与老到，他们总是善于观察别人的一举一动，总是会根据别人的内心变化来控制别人。

很多人在与这些喜欢皮笑肉不笑的人打交道的过程中，总是吃亏或受到伤害，因为脸上时常露出这种笑容的人，往往都是心术不正的。因此，面对皮笑肉不笑的人一定要警惕，他们的笑容中很有可能隐藏着不良企图。

3. 无声的微笑

有很多内向和孤僻的人，他们在笑的时候不发出任何声音。他们的胆子一般都很小，感情也十分脆弱，经常会因外界环境的因素而影响自己的内心想法。更为重要的是，这类人非常单纯，常常在心里酝酿着一些天真的想法，他们总是认为社会就是一个现实版的童话世界，人与人之间只有爱，没有恶意，而且他们会固执地坚持自己的这种想法。

4. 自嘲的笑

在城市生活的人们常常有这样的经历，当你去赶一辆公交或火车时，本以为自己一定能掐准时间赶上车，然而到了车站才发现车已经开动，你只能眼睁睁地看着它扬长而去，此时你只能摇摇头，自嘲地笑笑。这时的笑只是一种有感而发的表情，是一种对内心情绪的掩饰，也是一种摆脱尴尬的技巧。这种笑往往都很短，难以在脸上停留较久。

在人际交往中，在人前蒙羞，处境尴尬时，用自嘲来对付窘境，不仅能很容易找到台阶，而且多会产生幽默的效果。所以很多人遇到尴尬处境时，多是通过自我嘲笑来摆脱尴尬，这是很高明的一种脱身手段。

在某俱乐部举行的一次招待会上，服务员倒酒时，不慎将啤酒洒到一位宾客那光亮的秃头上。服务员吓得手足无措，全场人目瞪口呆。这位宾客却微笑地说："老弟，你以为这种治疗方法会对秃头有效吗？"在场的人闻声大笑，尴尬局面即刻被打破了。

案例中的这位宾客借助自嘲，既展示了自己的大度胸怀，又维护了自我尊严，消除了耻辱感。

鼻子是内心世界的"晴雨表"

鼻子是人类重要的身体器官之一，在表达感情方面具有很大的作用。世界上的很多心理学家都认为，鼻子虽然不能完全反映一个人的真实想法和性格特征，但是鼻子的变化却充分地表现出一个人的思维，反映出对手真实的内心世界。

戈登是联邦调查局的一名探员，有一次他要去一个陌生的地方执行任务，临行前他把自己乔装打扮成一名观光客，混在游客之中。让他没有想到的是，他的行为还是被犯罪分子发现了。这是一个黑帮组织，他们打算活捉戈登，问清他来这里的真实目的。

当天晚上，十多位黑帮分子进入戈登入住的酒店，他们原本打算让酒店里的服务生骗戈登开房门，然后冲进去把戈登制服。服务生从来没有见过这种阵势，看着黑洞洞的枪口，吓得两腿不停地颤抖着。如果不配合这些凶神恶煞的黑帮分子，自己可能就会被他们打死。于是，服务生努力使自己保持平静，他端着托盘，敲响了戈登的房门，而身后站着黑帮分子。

此时的戈登，正和衣躺在床上看电视，丝毫没有察觉到已经大祸临头。当他听到外面有敲门声后，出于职业警觉，他没有立即开门，而是轻手轻脚走到门前，透过猫眼向外看。当看到是服务生时，他松了一口气，就在他准备扳动门把手时，他又通过猫眼向外瞄了一眼。这一眼，让他顿时警觉起来。他发现，服务生的鼻子尖正在做无规则地抽动。这明显是因为害怕所表现出来的特征，也就是说服务生此时正处于担惊受怕的状态。为了验证自己的判断，戈登又利用猫眼观察了几秒。突然，一个黑影从服务生后面一闪而过。戈登一下子全明白了。他顾不得收拾行李，以最快的速度跳窗而出。

在这则案例中，戈登虽然看不到服务生颤抖的双腿，但是他从服务生鼻子的反应中发现了线索，使自己逃过一劫。由此不难看出，鼻子所透露的信息同样至关重要。在平静状态下，鼻子不会出现大幅度的动作，如果鼻子出现变化，同样能够折射出一个人的内心想法。所以，要想观察一个人的心理动机，可以观察他的鼻子。

1. 摸鼻子的人

在谈话过程中喜欢摸鼻子的人都是一些富有野心的人，摸鼻子的动作是为了掩饰他们内心的真实想法，这类人做起事情往往有很强的冒险精神，并且魄力非凡，他们总是认为冒险是实现野心的最好方式。

同时，喜欢摸鼻子的人在性格上往往带点极端成分，如果是个善良的人也就罢了，但如果想要做坏事，常常是最坏的那种。在 FBI 档案中，记载着这样一个案例。

1988 年，一个在底特律的杀人犯被警方控制。这个罪犯是个变态狂，在短短的 4 年时间里，先后杀害了 7 名未成年少女。FBI 在审问他的时候，他说了一句让警员非常吃惊的话，他说："当初杀死金鱼、兔子等一些小动物后，一旦摸鼻子就有一种强烈的快感。后来，杀这些小动物满足不了自己的快感了，我就尝试杀人，去满足摸鼻子的快感。我选择那些未成年少女，主要是因为她们没有什么抵抗力，我容易得手。当我杀死她们后，用沾满鲜血的手去摸鼻子，那种快感简直让我兴奋不已。"

谈话过程中，对方不停地摸鼻子时，一定要仔细观察对方的情绪变化，一旦对方的情绪出现较为失控的迹象，那就赶紧敬而远之吧，防止对方因为情绪失控而做出极端的事情，使自己受到伤害。

2. 频繁吸鼻子

吸鼻子的动作可以表达很多信息。心理学家发现，那些在谈话的过程中不停地吸鼻子的人，多半是城府很深的人。那些人做事时通常比较认真，总是一丝不苟，遇到他们喜欢做的事情，他们总是希望或者强烈要求别人跟他们一起做。

另外，谈话过程中，不停地吸鼻子也是缺乏安全感的重要表现。有些人很不习惯和陌生人说话，而当他们和陌生人交谈的时候，他们会将说话的声音压得很低，甚至通过鼻子来发音。在他们看来，与陌生人交往一定要警惕，不能轻易暴露自己的弱点。因此，在与这类人交流时，要想办法尽可能地排除其内心对我们的不信任，不然根本没有办法交谈下去。

3. 千变万化的鼻子

人们的鼻子在受到外界气味或者心态影响的时候，会发生一些变化，而这些变化都是有原因的。普通人想要从鼻子的变化中洞察出这些人内心的变化情况，就要对鼻子的信息进行足够仔细的观察。

当人们受到气味的刺激后，鼻子会有明显的变化。在一桌香喷喷的饭菜面前，鼻子深吸气，鼻翼伴有较大的起伏动作；遇到不喜欢的气味时，鼻翼会出现颤动，甚至还会有人把鼻子捏紧，这些表现都反映出这些人对该气味的厌恶。

在一架开往新加坡的航班上，一位美国的退伍士兵觉得为自己服务的空姐非常漂亮，就在飞机降落之后，在机场的通道拦住那位空姐聊天。在他和空姐聊天的过程中，他为了表现出自己的"男子汉气概"，便不停地抽烟。为了表现出他抽烟姿势的优美，他不停地向空中吹吐着烟圈，他希望以这样的方式获得空姐的芳心，但是没想到空姐却用手将自己的鼻子捂了起来，而这位退伍士兵并没有注意到空姐的这个动作，更没有看到空姐脸上的厌恶表情，继续耍帅摆酷，最终空姐借故上洗手间，摆脱了这个粗心的士兵。

我们可以从上面的这个案例中看出：这位美丽的空姐其实对退伍士兵抽烟的样子是非常反感的，也不喜欢闻香烟的气味，所以她用手捂住鼻子以掩盖自己的厌恶之情。可是，粗心的退伍士兵一点儿都没察觉到这点，还继续做些不该做的动作，导致了最后的失败。所以通过观察对方鼻子的变化情况，可以很容易看透一个人内心世界的变化情况。

嘴巴的"动态表情"

曾经，在美国的一所研究院内，有两个研究员就人的嘴巴做了这样的研究：

他们通过研究著名的蒙娜丽莎画像，发现嘴巴能够表达喜悦和悲哀，而眼睛却只能反映情绪的紧张程度。第一步，他们在数码化的画像上增加干扰图案，这样，画像看上去就像一幅模糊不清的电视画面。接下来，为了要达到测试的效果，他们继续改变干扰图案。然而，改变的部分只是画像的一半：要么是上半部分，要么是下半部分，这样做的效果有利于他们看出改变人物面部情绪的到底是眼睛还是嘴。

最终的结果很明显，最能体现蒙娜丽莎情绪变化的是她的嘴而不是眼睛。为了验证试验的准确性，两个研究员还使用了其他女性的照片进行了相同的测试，结果完全一样。

通过这个试验，尽管我们无法否定眼睛的表情达意功能，但是最起码证实了嘴巴的动态也具有非常重要的表达功能。

嘴巴的动态有很多种，如果能够细致地观察对方的嘴巴的动态，就可以洞察对方的内心世界，使博弈变得更加有利于自己。

玲玲现在一家广告公司工作已经3年了，担任的是经理秘书这一职务，拿的却还是3年前的工资。为此，她很想跟经理提一提加薪的事，毕竟，公司里比她来得晚的职员都加薪了。然而，怎样才能找到合适的时机呢？作为老板，当然不会喜怒形于色，因此职员很难判断老板今天的心情如何。不过，玲玲平时对心理学书籍比较感兴趣，曾在一本书里看到，可以通过一个人说话时嘴巴的动态来了解对方的心情。就这样，玲玲整整观察了十几天，突然有一天，她发现老板看起来与往日不同，他的嘴角微微上翘，虽然几乎不易觉察，但还是被玲玲捕捉到了，由此，玲玲断定老板的心情很好。所以，处理完手里的工作后，玲玲来到了老板的办公室，以即将结婚为由，委婉地提出了加薪的请求。果不其然，老板的心情真的很好，他不仅痛痛快快地承诺从本月起给玲玲加薪20%，还说等玲玲结婚时一定要通知他。就这样，仅凭着一丝不易觉察的微笑，玲玲顺利地实现了自己的心愿。

那么，从嘴巴的动态上到底能看出什么呢？

1. 嘴唇颤抖表示什么

当你在和一个人讲话时，如果细心观察就会发现，他的嘴巴显现出轻微的抽搐、颤抖。这说明了什么呢？

这往往说明了这个人的情绪开始变得激荡，说明了他对你所讲的话，或者是你们所讲述、讨论的话题心有所动，并且反应较大。此唇部表情往往体现了这个人情绪上呈恐惧、慌张或是难以抑制的气愤。

尤其是在试探性谈话中，当对方听到你的试探性语言后表现出嘴唇微颤，则可以表明对方有所动容，从而可以有一个接近事实的判断依据，比如对方是知情的。

2. 一边嘴巴上扬是什么意思

当你在阐述某一观点或是想法、看法时，如果对方的嘴部表情呈现为一边嘴角上扬，则说明了对方对你的观点、想法、看法持不屑态度，或者说是对你的表述显得有些不耐烦。

就算对方表面上点头，或是口头上做出模棱两可的回答，或是不表态，不说赞同，也不说反对，那么，从嘴唇表情便可以窥探出对方的真正想法：他是有异议的，或者起码他是不赞同的。

3. 双唇紧闭，同时两边嘴角上扬

表面看，这似乎是微笑的表情，其实，并非如此。

真正的微笑是两边嘴角上扬的同时，双唇自然分开，肌肉呈松弛状态，而非僵硬、死板的紧闭状态。

因此，当你在与人沟通的过程中，如果发现对方在聆听时表现出双唇紧闭同时两边嘴角上扬，那表明对方是在应付。表面上可能是出于对礼仪，所以表现出一个看似温和的表情，但心里已经在同步思考着相关的事情，或者是别的事情。

出现这个表情，对方的心里往往希望对话或者是正在进行的话题能够尽快结束。所以，这个时候如果能够抓住对方的微妙唇部表情，了解对方真实的想法，那么不妨暂时停下表述，征询一下对方的意见，或者是转换个话题，缓解一下气氛。

4. 嘴唇绷得紧紧的是怎么回事

如果你看到一个人的嘴唇绷得紧紧的，有可能他是在担心自己受到欺骗。他希望通过嘴部周围肌肉的收缩来达到抵御外来干涉的目的。当然他自己是无意识的。这个动作不是自己想做的，而是一种自发的反应。所以他们的嘴唇有时候绷得紧紧的，就是

希望不受到自己的感情影响，或者是不受到他人的感情影响。

　　如果一个人的嘴唇经常性地处于绷紧状态，就说明他的嘴唇天生就是绷紧的。上唇不仅仅是绷紧，一般还会有卷曲的情况。我们在观看《动物世界》的时候，有时候会看到一些动物在准备战斗之前，都要露出自己的上齿，这就是一种战斗或对抗的信号。

5. 闭着嘴巴是在表达着什么信号

　　如果看到一个人时不时地抿嘴，这也是一种不友好的信号。它表示攻击和不耐烦的意思。如果嘴唇紧闭，当然不是很用力地在闭着，而是很自然地闭拢，说明此时的内心是很安静的，很自然的。

6. 嘴巴张开呈呆滞状态是怎么回事

　　如果是半开或者是全开的状态，表达的是疑问的意思，也可能是感到非常吃惊，甚至是很害怕。我们在看电影的时候，如果某个女主角要表现自己很害怕，嘴巴多是张开的，就是这个道理。

7. 舔嘴唇

　　有时候我们在和别人说话的时候，可能会看见对方会不经意地舔舔自己的嘴唇。这说明他当时的内心要么是很压抑，和你的谈话让他觉得很不自然很不舒服，要么就是内心很激动，可能是听到了什么有利于自己的消息，或者是一直有一个类似的消息放在自己心里，又不能公布出来，他们会觉得口干舌燥，所以就会时不时地舔舔自己的嘴唇，表面出喝水的行为，其实也喝得不多，就是抿一小口。

　　嘴唇的表情不单单是体现在动作上，如果一个人的嘴唇发白，

表示他内心恐惧，没有活力，或者是内心很残忍。

这样，在交际或是商务谈判中，若掌控了对方的心理想法，便可以及时地对自己的谈话方式、策略等进行调整。不然，迷迷糊糊地被人"打发"了，预想的沟通效果也未能达到。

下巴展露出的内心世界

下巴是一个人的面部极为明显的一个部位。这个地方同样能很明显地表现一个人的性格特征，体现不同的心理反应。一个极细微的动作就能将内心世界展露无遗。

有人甚至说，可以通过一个人的下巴将他的个人性格以及心理看懂个大概。这话并不是完全没有根据的。

1. 下巴上抬透露什么内心

这是一种骄傲的姿态，自大，好像没有将别人看在眼里。如果是很突出的情况，程度很大，即下巴抬得很高，这个时候颐指气使的感觉就很明显，会给别人留下很不好的印象。这是一种很明显的具有相当优越感的体现。

如果你在与人交谈过程中，对方的下巴有微微略抬起的状态，就说明对方的心中对你的看法已经改变，可能是因为你的某个动作、某个话题、某个观点，让对方顿时对你产生了轻蔑的态度。还有一种可能，就是他一直自恃清高，看不起人，或者对你的观点一直是蔑视的，只是不愿表露出来，一直揣着。然而，不经意间下巴做出来细微表情出卖了他。

一般来讲，下巴上抬，就是带有一定的攻击性。可能自己当时的内心并不一定就是那样想的，不过潜意识里可能已经潜伏了这样的思想。下巴抬高的时候，人的心理状况是洋洋自得的，有优越感，自我感觉良好。然而，此时也可能是他的自尊心在起作用。人在碰到了伤害自己自尊心的情况下，会不自觉地将自己的下巴抬高，以示警告。这个就有点儿类似一些动物，它们给对手警告的方式就是抬高自己的下巴，露出可怕的牙齿。抬高下巴的时候，人的理智一般是不占据主导地位的，感情色彩会比较明显，这个时候会很容易将别人的优点一笔抹杀。

2. 收下巴说明比较谨慎

如果对方下巴微锁，这个时候往往表示他对自己极为不自信，所以显得底气不足，没有精气神，消极，没活力。

如果是收下巴，这个时候人是很理智的，不会太感情用事。这也代表了他正在思考一个问题。如果经常性地收下巴，而不是抬着下巴，这样的人一般比较谨慎。交给他一件事情能很顺利地完成。其性格比较内向，不容易让别人走进自己的内心世界，给人一种封闭的感觉，同时疑心病很重。

3. 抚摸自己的下巴代表一种安慰

有些人在面对一些情况的时候，喜欢用手抚摸自己的下巴。多数情况下是在一些比较尴尬、不安、孤独或者是极度缺乏自信的时候才会有这个动作，这是对自己的一种安慰。想掩饰自己内心的尴尬，同时也是为了缓解自己紧张的情绪。

但这种微表情的特征也不是绝对的，在不同的情况下，这个动作出现的意义也不尽相同。它代表的不仅仅是不安或者是尴尬，比方说在一个自己十分得意的场合下，也可能会用手抚摸自己的下巴，这个动作的意思就是增强自己的优越感，享受得意的心理感受。

下巴的动作最能表明一个人的性格特征，也是最能表明一个人性格底色的标志，蕴藏着丰富的信息。只要用心去揣摩，就不难发现其中的奥秘。

从异常的表情中看穿心理

1998年的一天，美国纽约地铁内像往常一样人来人往。等待地铁的乘客，站在站台边，纷纷向地铁来的方向张望。然而，在等待地铁的乘客中却有一个中年男子的表情与其他人不同，他不停地向四周张望着，似乎在寻找着什么。他的目光闪烁，显得有些紧张。

地铁站内，有便衣警察进行巡逻，又有FBI便衣暗中进行监控，他们的目的就是打击犯罪，维护公共交通安全。

这名中年男子的异常举动，很快就引起FBI工作人员的怀疑，他们决定对这名男子进行跟踪，从而了解他的动机。

FBI的工作人员刚部署完毕，一列地铁缓缓地从远处驶来。不一会儿，地铁停了下来，车就在车门刚刚打开之际，中年男子拨开前面的乘客向里面冲了进去，与此同时从随身携带的包内拿出一个黑色的炸药包，准备将其引爆。就在千钧一发之际，紧跟在他身后的两名FBI便衣在第一时间内将其制服，从而避免了一场地铁爆炸案。

当时，中年男子携带的固态炸弹相当于800千克炸药产生的威力，如果被他引爆了，后果非常严重。

通过对中年男子的审讯，FBI得知，这名犯罪分子的动机就是企图炸毁地铁，制造恐怖事件，他背后是一个庞大的恐怖主义组织。

现实生活中，很多人因为粗心大意，忽略了身边表情异常的人，结果造成巨大的损失。9·11恐怖袭击事件发生以前，犯罪分子曾在公路上疯狂飙车，被FBI的警员拦截下来后，竟作为一件普通的交通事件进行处理。犯罪分子的异常举动，完全被警方忽略了。

9·11恐怖袭击事件发生后，FBI局长罗伯特·穆勒也承认，9·11事件发生之前，警方错过了一些宝贵的线索，如果当时的警员多一份细心与机警，就有可能提前发现恐怖分子的阴谋。如果对收集到的情报能够仔细甄别，就不会发生2001年9月11日的劫机事件。

这件震惊世界的恐怖袭击以后，FBI加强警员对情报的甄别能力。以前，FBI抓获犯罪分子时，只凭借良好的身体素质和高超的格斗能力。9·11以后，这种形势发生改变，因为犯罪分子变得更加成熟与狡猾，如果警员们的业务能力还停留在原来的状态中，没有对犯罪分子的异常表情和异常行动做出快速反应，就不可能抓到他们。

2011年的一天，华盛顿的一条金融大街上像往日一样热闹非凡，这里聚集着全世界很多知名金融机构和证券公司。在这里，人们行色匆匆，充分昭示出"时间就是金钱"的概念。这条大街也是FBI重点巡查的地方，一名负责巡查的FBI探员来到一家银行门前时，发现一名头戴围巾的妇女显得与众不同。此时，这名FBI探员的第一反应就是，该妇女可能在这里等人或寻找某个人。

就在FBI的探员准备去其他地方巡查时，银行的运钞车来了，那名妇女也把目光投向了运钞车。该银行是这条街上最大的银行，每次运送的金额都非常大。难道她……FBI的探员脑海中闪现出不好的预感，与此同时，他马上警觉起来。为了不让那位妇女发现自己，他闪进临街的一家上铺中，仔细观察妇女的行为。他发现，妇女的脸上露出恐惧和紧张的表情。FBI的探员获得这种信息后，首先小声把可疑情况向上级报告，然后装出游客的模样，从商铺中走出，摆出一副若无其事的状态，向可疑妇女靠近。

这时，可疑妇女迈开脚步，径直向运钞车走去，并边走边把手伸进衣服的口袋内。FBI的探员神经一下子绷紧到了极点，不由得加快脚步，紧紧跟了上去。10米、5米……近了，更近了。就在可疑妇女即将接近运钞车时，突然从口袋里拔出手枪，"砰"地一声枪响，打破了往日的繁华与热闹，大街上的人顿时四散奔逃。幸运的是，子弹没有击中运钞员，而是向天空飞去。原来，就在可疑妇女扣动扳机之际，FBI的探员从她背后一个箭步冲了上去，猛然抓住她扣动扳机的手向上托举。几乎在同一时间内，增援的警察也已赶到，将犯罪嫌疑人擒获。

如果不是这名FBI的探员有着高超的情报甄别能力，能够通过犯罪分子的异常行为和异常表情洞察她内心的思想变化，就不可能及时有效地阻止这次犯罪行为。由此可见，了解和分辨一些环境中的异常表情与行为，对于 FBI 的办案人员极为重要。

如果想对人物的异常表情进行观察，并进行细致的分析，就特别要对当时所处的环境有所了解，这样才能更加准确地推断对方异常行为及异常表情产生的原因。在观察人们的异常表情时，FBI 中的工作人员总结出以下几个方面：

1. 面色的变化

脸部的肤色会随着情绪的变化而产生相应的变化。其中，最明显的是变红和变白。当人们感到害羞、惭愧或尴尬时，面颊常常会变得通红。有时候，人感到愤怒时，脸部也会因充血而变红。但是，愤怒的时候，面颊变红的情况与其他情绪导致的面颊变红大不相同，并不是由面颊中心慢慢地扩散开来，而是面颊瞬时转为通红。

当愤怒中的人们想极力抑制自己的怒气和克制自己的攻击性冲动时，其面颊肤色就会变得苍白。而当人们处于惊骇、恐惧的情绪状态之下，面颊肤色也会变得苍白。

由于面颊肤色的变化是由自主神经系统造成的，所以很难人为控制或掩饰。但这种肤色的变化往往需要一定的外部刺激才会发生。比如一些犯罪分子准备实施犯罪时，内心会感到焦虑与恐惧，他们的脸色看似很正常，但如果旁边有人喊一声"站住"，他们的脸色顿时就会变得煞白，以为自己被发现了。

2. 眼神的活动

如果说面颊的肤色变化要通过一些外部刺激才能看得更加清楚，那么通过眼神活动状况，我们就可以直接地看出一些端倪来。

有些人心里有鬼，眼神通常会变得飘忽不定、左顾右盼，与人说话时心不在焉，眼神的焦点总是在不停地移动。而有些嫌疑人在面对 FBI 的讯问时，眼神往往有躲闪的情况出现。从这些眼神活动中，可以很快地推断这个人有一定的嫌疑。

3. 紧张的表现

人处在紧张状态下，脸部会有出汗的情况，尤其是鼻头部位，另外鼻孔会极速地扩张。在大量的犯罪调查过程中，警方发现作案人员都有紧张的情绪，除了少数惯犯及心理素质极佳的案犯之外，很多人在作案之前都会出现一些异常行为，表情也会发生异常的变化。比如，9·11 恐怖袭击的案犯在实施犯罪之前，曾经有过飙车行为。

第二章　巧手能言：
观察手部行为解读内心

双方交谈中，出现手部动作是件非常平常的事，以至于很少有人去细心观察，最多就是了解一些基本的礼仪，不出洋相即可。但是，从手指到手掌，手的每一个细节都能透露出手主人的心理变化。当然，这种变化极其微妙，不容易察觉到，因此需要观察者掌握一定的方式和技巧。

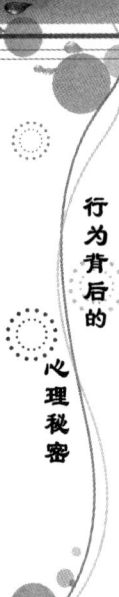

通过手部动作观察人的心理

心理学家们经过多年的研究，总结出了一系列的手势语言。下面，将着重为读者介绍常见的五种手部语言，帮助你在日常的人际交往中通过对方的手部动作，判断他的心理活动。

1. 思考的手势

提到思考的手势，也许大多数人的脑海中首先会浮现出法国著名雕塑家罗丹的作品《思想者》：他右手托腮，神情凝重，俨然一副聚精会神的思索状。其实标准的思考手势是将握住的手放在下巴或脸颊处，有的人还会将食指竖立起来。因此，如果有人在你面前摆出这种手势，那么往往他正在思考，心中正在盘算着什么。

2. 厌倦的手势

当人们对说话人的言语失去兴趣，却出于礼貌佯装感兴趣的样子时，他们的手势往往会显示出他们的厌倦感。厌倦的手势和思考的手势很类似，也是用手托着下巴或脸颊，因此有不少人见到这种手势会误以为对方听得入迷，更加兴奋地继续自己的高谈阔论。其实，只要仔细观察，还是能够发现二者的明显区别的。

当厌倦感袭来时，人们往往会将原本挨着脸部的手或手腕逐渐变为头部的支撑。一般来说，开始时，人们只会用一个大拇指托着下巴；随着厌倦程度的提升，逐渐变成用整个拳头支撑下巴；当极度缺乏兴趣时，就会用手掌托着整个脑袋，像是要防止自己不小心睡着似的。而真正感兴趣的思考手势，头部往往会保持直立的姿势，手轻轻地靠在脸颊上。因此，如果你在讲话时感受到厌倦的手势信号，那么最好更换话题或中止自己的发言。

3. 迟疑的手势

不难发现，有些人在思考的手势后会紧接着做出抚摸下巴的动作，这个动作往往表明他正在考虑如何作决定，即正在迟疑。当然，人们在迟疑时还会有多种表现。例如，有些戴眼镜的人会把眼镜摘下来，用嘴咬着眼镜腿，默默沉思；而有些吸烟的人在考虑如何作决定时，会缓缓地吐出一口烟；还有些人喜欢把东西放置在嘴唇上，认为这件东西可以为他的迟疑提供借口，让他可以不必那么急切地给出答案。因此，当你向某人征求意见，而他却把手或笔等东西放在嘴唇位置，那么往往表明他还在犹豫不决，需要更多的时间和建议来帮助他作决定。

4. 尖塔形手势

所谓尖塔形手势，就是将一只手的指尖轻轻地搭在另一只手的指尖部位，形成一个尖塔状，看上去就好像是教堂高耸的尖塔。尖塔形的手势经常出现在上下级间的谈话中，而这一手势通常代表自信。例如，当上级指导下级，或在给下级提建议时，他们往往会在说话时使用这一手势。此外，从事会计、律师以及管理者工作的人对这一手势往往也情有独钟，自信的高层管理人员也会经常使用这一手势……可见，很多人都喜欢用这种手势体现自己的身份。因此，如果你想使自己看起来更加自信，那么尖塔形的手势可以帮助你。不过，如果你想说服对方，或赢得对方对你的好感，那么应尽量避免使用这种手势，因为它有时会给人一种狂

妄自大、自鸣得意的感觉。

值得注意的是,尖塔形手势分为两种:举起的尖塔,人们通常在发表自己的意见时,会使用这种手势,上文提到的尖塔形手势就属此类;放下的尖塔,当人们在聆听他人阐述观点时常用这种手势。相对而言,女性更偏爱使用放下的尖塔手势。

5. 托盘式手势

使用这一姿势的多为女性,她们通常用这种手势吸引心仪男性的注意。假如对面的男性颇让自己心动,那么大多数女性便会不由自主地将一只手搭在另一只手上,然后双手撑住下巴,头部微抬,将脸迎向对方。这个感觉好像是把自己的脸当成一件艺术品,希望对方能够细细品味。

托盘式手势本身没有任何负面色彩,而且在向心仪的对象表达爱意时往往能发挥积极的正面效应。

人们的双手总是置于身体前方,而它们的一举一动往往会暴露人内心的情绪和想法。而且,手势语言比较容易学习和掌握,只要我们仔细观察、善于思考、勤加练习,那么任何人都有可能成为一个手势语言大师!

从掌心的方向捕捉到有价值的信号

自古以来,人们就喜欢将摊开的手掌与诚实、坦率、忠贞、谦恭等褒义词联系起来。时至今日,在许多庄严的宣誓中,人们会被要求将手掌置于心脏的位置以示坦诚；在法庭上，证人们也需举起手掌以证实自己证词的真实可信。

通常情况下，人们会用展开的、一目了然的掌心方向来表示自己是否有诚意，是否有恶意。所以掌握一定方法的我们就可以通过掌心的方向来判断一个人是否足够的坦诚。

那么，掌心方向的不同到底隐藏着什么样的秘密呢？下面就让我们一起来解读一下。

1. 掌心向上

可以说，掌心向上是一种用来表示妥协、服从和善意的手势。同时，这种手势也是乞丐乞讨时惯用的一种动作。从人类社会发展的进程来讲，古代人掌心向上，主要是告知对方"我的手中并没有武器"。而现代人掌心向上，表示的内涵更丰富一些，例如，当你向某人提出移动重物的要求时，对方肯定会很不情愿，甚至有被你胁迫的感觉。不过，你在说话的同时，一边向他伸出右手，摆出一个手心向上的手势以示"请"的意思，那么情况也许就大不相同了。这个手部动作能传达出一种信息，即你真诚地希望获得对方的帮助，获知这种信息，对方便不会再推辞，而是心甘情愿地帮你做事。

2. 掌心向下

也许有些人会认为掌心向下的内涵与掌心向上的内涵应该相反，代表欺诈、背叛的意思，事实并非如此，掌心向下也有积极的内涵。下面让我们再了解一下掌心向下的内涵。

对于掌心向下所能展示的权威性在我们生活中也是比较常见的。例如，有一对夫妻手牵手散步，那么居于强势地位的一方往往会稍稍走在另一方的前面，而这一方的手也会自然而然地压在另一方的手的上方，当然其掌心会很自然地朝向后方，同时，另一方的掌心会向前迎合。尽管这是一个很小的细节，但是对于一名肢体语言观察者而言，这些信息足以让他判断出谁是一家之主了。

掌心向上是一种代表权威性的手势，所以这种手势最好对晚辈、下属使用。如果你在与自己身份、地位平等的人讲话时做出了这种动作，那么对方便会产生压力感并对你产生抗拒心理，进而影响彼此的关系。不过如果我们能在生活、工作中恰当地运用这种手势，做起事来往往会事半功倍。

合掌伸指动作背后反映的内涵

合掌伸指是指将手握成一个拳头，只留出一个手指的手势。这唯一的突出于拳头的手指仿佛凝聚了整个手掌的力量，一触即发，令人很不舒服。人们使用合掌伸指的手势会给别人留下咄咄逼人、爱挑衅生事、鲁莽的印象，而且经由他们本人传递出的信息和话语不会受到对方的欢迎。所以，常做这种手势的人会令周围的人不知不觉地远离他。

曾经有人做过这样一个实验。试验中，他要求三个参与试验的志愿者分别面对三个人群进行长约 10 分钟的演讲，在演讲过程中要分别频繁地使用三种手势，即掌心向上、掌心向下、合掌伸指的动作。与此同时，他会和助手记录观众们在每一位演讲者讲演期间的动作和表情，并由此统计出他们对演讲者的支持率。试验结束后，研究者发现，演讲时频繁使用掌心向上这一手势的演讲者，获得了观众84%的支持率；而演讲的内容不变，仅仅让演讲者在演讲时刻意地用掌心向下的手势，其获得的支持率降低到52%。至于使用第三种合掌伸指手势的演讲者所获得的支持率更低得可怜，仅有28%，而且在他演讲的过程中，有不少观众提前退场。

为什么使用合掌伸指手势的演讲者获得的观众支持率最低，且其演讲内容的后期影响力也是最低的呢？也许这都要归咎于合掌伸指手势背后所反映的内涵了。

如果一个人在讲话时采用这种手势，并将这根手指指向某人，往往会让对方感觉到一种隐藏在手指背后的迫使人妥协的力量。因此在上面的试验中，当演讲者用这一手势直接指向下面的观众时，观众往往会将注意力转移到这个手指上，并对其产生负面评价，进而不再关心他演讲的内容。

另外，合掌伸指的手势还会给人际关系带来消极的影响。因为这个手势常常伴随有举臂、挥拳等动作，对大多数人而言，这往往是攻击别人的前奏。

同一个肢体语言在不同国家和地区可能有着不同的含义。不过对于合掌伸指这个手势所包含的负面信息还是能被大部分国家和地区的人认可的，只是在程度上存在些许差异。例如，在菲律宾，合掌伸指就是对对方的一种极大的侮辱。因为在当地这样的手势只会被应用于动物身上。而在马来西亚，人们为了避免合掌伸指，他们常常会使用拇指为别人指路或指明对象。所以，到这两个地方如果你不想引起不必要的误会，那么千万不要摆出合掌伸指的手势。

十指交叉而握的意义是什么

人的手是由手掌和手指组成的，不难想象，手指能产生更多的动作。想必你会发现，在人际交往中，不少人在交谈时有双手手指交叉的动作，这一动作是不经意的习惯还是暗藏了什么玄机，我们不妨先来看下面这个故事。

布朗克是一名经验丰富的司法审讯人员，常被同事们开玩笑称为"神探布朗克"。有一次，他接到上级命令，要对一个巨大的跨国诈骗集团的头目进行审讯。

这名犯罪嫌疑人叫杰森，曾就读于国外的一所名牌大学的金融系，还拿到了法律系的毕业证书，可以说他深谙如何钻法律空子挣钱。

刚开始，审讯工作很难进行，因为杰森确实太聪明了，他也很熟悉警方的办案程序和审讯程序。表面上看，无论布朗克问什么，他都在很配合地回答，并且他的答案简直滴水不漏，布朗克根本找不到任何破绽，也根本分不清杰森哪句话是真的，哪句话是假的。就这样，布朗克审讯了杰森好几天也毫无结果，布朗克为此很担忧，因为根据规定，如果扣留嫌疑人一定的时间再找不到证据，就必须要放人。布朗克告诉自己，决不能让这个犯罪分子逍遥法外。最后，倍感焦急的布朗克接受了他学心理学的妻子的一个建议：看对方的无声语言——手势。

后来，布朗克派人悄悄地在审讯室里装了几台摄像机，这样，他便能在审讯结束后看再返过来清楚杰森的一举一动。

果真，在看录像带的时候，布朗克发现，嫌疑人的手势发生了改变：在回答某些问题时，杰森的双手很自然地放在腿上一动不动。在回答另外一些问题的时候，虽然杰森的眼睛依然十分镇定、真诚地看着布朗克，回答的内容也没有任何破绽，但双手开始不自觉地做十指交叉状。布朗克以此为线索展开案件调查，终于把犯罪分子绳之以法。

也许直到银铛入狱的那一天，犯罪分子也无法理解自己哪里出了纰漏。其实，帮助布朗克破案的关键就是"十指交叉"暗喻的心理，十指交叉是掩饰犯罪分子内心真实想法的外在表现。

在生活中，也许我们会经常做出十指交叉这一手势，我们会认为这是个不经意的动作，而实际上，这一动作也是一个内心情绪的体现。当然，十指交叉的具体手势和手的位置的高低与消极情绪的强弱有关，较高位置的十指交叉比较低位置的十指交叉更消极。而十指交叉通常也伴随有其他的手作，具体来说，有以下几种情况：

1. 十指交叉，双手紧握

说明对方已经开始自我否定了，他的内心是沮丧和消极的，此时就是你一举"拿下"对方的最好时机。

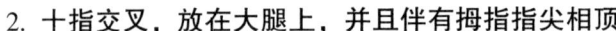

2. 十指交叉，放在大腿上，并且伴有拇指指尖相顶

说明此人处于比较尴尬的境地，不知如何自处，或者是谈话内容让他感到进退两难。当对方出现这种手势的时候，我们不妨给出几个建议让他进行选择，或转移话题。

3. 十指交叉，自然放置

说明对方此时心平气和，并且比较自信。此时，如果你希望对方接受你谈话的观点，那么，想必你需要找出一些强有力的证明了。

4. 十指交叉，一只手的手指抚摸另外一只手

这一动作说明对方内心比较不安、焦虑，或者处于高压或怀疑的情况下，他这一动作是为了安慰自己的大脑，与别人接触和谈话。此时，你首先要做的事就是给对方信任感，让对方安静下来，使其愿意接受自己，对自己敞开心扉。否则，双方沟通会很困难。

5. 十指交叉，眼睛平视对方

出现这种手势说明对方已经失去耐心，正在压抑内心的不满。此时，应该把话语权交给对方，或者停止交谈，以免引起对方的反感。

6. 十指交叉，放在脸前

这是一个十分明显的敌对动作。当对方做这种动作的时候，就传达了"别说了，我不想听""我不相信你""我不认为这个可行""我想结束谈话"等消极的情绪，此时也应该结束谈话。

7. 十指交叉，放在胸腹之间

说明此人已经在心里拒绝了你。即使你再强调自己的观点，对方也不可能再接受你。此时，你可以采取另外的一些较为轻松的交流方式，比如先为对方送上一杯饮料。总之，要想办法让对方解除十指交叉的姿势，否则，他会拒绝你所有的想法和观点。

8. 十指交叉，双手拇指向上伸

说明此人此时对交谈的内容很感兴趣，并且对自己说的话十分有信心。

用手指玩弄头发意味着什么

我们都知道，人的手部动作有很多种，不同的动作会传达出不同的心理信息。可能你曾有这样的疑问：在与你交谈的过程中，对方总是喜欢用手指玩弄头发，这是习惯还是下意识动作？我们不能排除前者，但大部分情况下，人们之所以会有这样的手部动作，是因为内心紧张，不断地拨弄头发能帮助其缓解压力。如果你能看到这一细小的手部动作的背后含义，并作出具体的应对措施，你就能成为一个善解人意的人。对此，我们不妨先来看下面的故事。

李武攻读完心理学硕士研究生以后，被一家心理学机构高薪聘请。缺乏实战经验的他被安排在最底层实习一个月，这自然在情理之中。

有一天下午四点左右，他遇到一个麻烦的客户，很多问题他解决不了，大家都在忙，他想去问主管，刚好可以交流一下。当他敲门进去的时候，主管正在看一本杂志，李武在想，做领导真好，这么悠闲。之后，李武慢慢地把事情和领导说清楚，可是李武却注意到了领导的一个动作：领导在听自己说话的时候不断地用手拨弄自己的头发。领导的头发很短，很明显，这不是头发乱了的原因。根据李武曾经看过的心理学书籍，他知道，领导大概是遇到了什么事情，有巨大的压力。再一看，领导办公桌上有一封信，这封信并不是公司的信件，李武明白了，估计刚刚主管看杂志也是想让自己镇定下来。于是，为了不打扰主管，李武找了个理由离开了办公室。出办公室后，李武问了主管助理到底是怎么回事，原来是主管在老家投资了一个房地产开发项目，昨天收到老家寄来的信，说是开发商卷款潜逃。

这天下班后，李武并没有着急回家，而是等在公司大厅。后来，主管出来了，李武拍了拍他的肩膀说："不要伤心了，走，去喝一杯。"主管先是一惊，李武是怎么知道的？但他还是答应了。那天晚上，半醉之下，主管跟李武说了很多掏心窝子的话，尤其是自己投资房地产的钱是怎么一点点辛苦赚来的。

经过那次之后，李武便和主管在私下成了最铁的朋友。

毕竟是学心理学的，从领导的几个小动作中，李武就看出了他有心事急须平静，便不再打扰，聪明的他很快又从助理那里得知到底发生了什么事，然后他便充当了一个知心朋友的角色。领导感觉得到李武的善解人意，关系自然会拉近一步。

从这个故事中，我们不难发现一点，人们的很多不经意的小动作其实并不是习惯使然，而是有一定的心理原因。比如，玩弄头发就是心理解压的象征。当然，有同样含义的动作还有很多种，比如，拨弄外套上的钮扣、把餐巾纸折来折去、不断地变换坐姿、抖脚、手指头像弹钢琴般来回敲打桌面。

遇到这种情况，我们该怎么做呢？我们应该做的是让当事人分心，阻止他继续钻牛角尖。否则，压力就像滚雪球般越滚越大，切忌不断地逼问他到底发生了什么事。贴心的你可以将心不在焉的他拉回现实，邀他到公园散步、唱歌、跳舞、运动、看电影等，让另一种活动引起他的兴趣。在这些舒缓压力的活动中，一般来说，他是能从烦心事中抽离出来的。此时，他便极有可能将导致压力产生的原因告诉你，你们之间的关系必定会更近一步。故事中的李武所选择的处理方式便是陪领导喝一杯，酒逢知己千杯少，几杯酒下肚，对方自然会对他掏心掏肺，内心的压力也就倾诉出来了。当然，许多时候，当事人也未必了解自己的烦心事因何而来，这需要你慢慢引导。

握手方式体现了一个人的性格

我们知道，人是这个世界上最具智慧的一种动物，虽然人能了解许多事物，但难于了解人本身，难以捉摸人本身的心理、需求、欲望和个体特征。当然，也并不是一无所知。

现在我们来回想一下，商业活动中，人与人见面做的最多的动作是什么？应该是握手吧！其实，握手这个简单的动作，也暗藏玄机。美国心理学家伊莲嘉兰曾对握手的类型进行了分类，分析认为：握手有8种类型，每种类型代表着不同的含义，显示出不同的性格。

握手是社交活动和商务礼仪中不可或缺的一部分内容，虽然这里面包含了很多礼仪规则，但是，人们还是喜欢按照自己的方式来进行这个"仪式"。从人们不同的握手方式中，我们可以看出一个人内心的一些想法。

杨慧是一名刚从学校毕业的大学生，娇生惯养的她选择去农村锻炼，尽管她的父母都不同意，但她还是踏上了去基层的车。

杨慧听学校的老师说，她要去的那个村镇的村民都很热情。果然，还没下车的她就看到了村民和孩子们都在村口拉起了横幅迎接她，等她从车上下来，村长就凑过来，用双手紧握杨慧的手。接下来，村民们都挨个用同样的方式跟杨慧握手，杨慧都不知道怎么回应了，就只好和他们拥抱，不到一会儿工夫，大家都熟悉了。杨慧心想，只有农村这样一片热土才能养出这一方热情的人。

这则故事中，迎接杨慧的村民们都是热情十足的人，从他们握手的方式——用双手握手就能看到。握手方式与性格有着密切的联系，以下是八种握手方式，不知道你是哪一种呢？

1. "蜻蜓点水式"

握手的时候力度非常的轻，只是轻柔地接触握着。这一类型的人随和豁达，不是一个偏执的人，非常洒脱，非常谦和。

2. "摧筋裂骨式"

在握手的时候紧紧抓着对方的手掌，力度很大，对方会感觉很疼。这一类型的人精力充沛，自信心很强，可能是一个独断专行的人，但是在领导和组织方面才能出众，是个适合做领袖的人。通常来说，那些喜欢使劲捏别人手的人，大多做起事来风风火火，也很少听从别人的意见。但是，这种毫不压抑自己真实感受的做法会释放他们心中的压力。

3. 双手并用型

在和人握手的时候两只手一起握住对方的手。这一类型的人非常热忱温厚，心地很善良，会对朋友推心置腹，个性爱憎分明。

4. 规避握手型

这一类型的人会不愿意和别人握手，他们的个性比较内向，胆怯。虽然保守，但是很真挚，不会轻易地将感情付出，但是一旦有了情谊之后，这份情会比金坚，不论是对朋友还是爱人。

5. 用指抓握型

在握手的时候，只用手指的部位握住对方的手掌心，不和对方有过多的接触。这一类人一般比较敏感，情绪很容易激动，但个性平和，心地也是善良的，有同情心。

6. 持续作战型

如果对方握着你的手，很长时间没有收回，则表明他对你很感兴趣，想大胆直白地与你有更深入的交流。但是，如果在谈判前，对方握着你的手不放，则可能是他在测验两个人之间的支配权。此时如果你先收回手，说明你没有对方有耐力，交涉时胜算不太大。

7. 上下摇摆型

在握手的时候，紧紧握住对方并且不断地上下摇动。这一类型的人是很乐观的人，他们对人生充满希望，因为积极热忱，所以经常会成为焦点、中心人物，受到他人仰赖。

8. 沉稳专注型

在握手的时候力度适中，动作都很沉稳，而且两眼会看着对方。这一类人的个性都比较的坦率，很有责任感，给人很可靠的感觉。他们心思缜密，对于推理非常擅长，会经常提出一些有建设性的意见，会受到很多人信赖。

总之，握手常常是对人友好的表现。握手的方式不仅能影响双方下一步关系发展的成败，还能从握手中看出一个人的心理及性格特征。

八种令人反感的握手方式

握手是人与人之间最常用的社交礼仪，同时也是一个人礼貌的最显著的外在表现。可以说，握手的方式能清楚地显示出一个人的气质、教养以及内涵。因此，为了能够将自己良好的形象展示于人，我们应该把握手这一礼节学习好。

握手的方式不同就会引起不同的效果。这其中有八种最容易引起别人反感的握手方式，下文中将为大家一一介绍，这也提醒大家在今后的社交活动中应多加注意，并尽量避免使用这些不受欢迎的握手方式。

1. 单刀直入式握手

惯用单刀直入式握手方式的人，其性格往往非常好胜，且防备心理很强。他们采用这种握手方式最主要的目的就是要与对方保持一定的距离，使其远离自己的安全界限。另外，一些在乡村长大的人对于个人空间的要求往往会比生长在城市中的人要多，因此他们为了保护属于自己的领域，也会在握手时采用这种握手方式。他们在使用这一握手方式时，通常会将身体稍稍前倾，或将重心转移到一只脚上，从而确定自己的私人空间不受侵犯。

2. 扳手式握手

一些善于弄权的人对这种扳手式的握手方式可谓是情有独钟，而被握手者则常常会因为对方用力过大而感到手很疼痛。一般情况下，在扳手式的握手后会紧跟着犀利的攻势。例如，握手双方中的一方用力抓住对方伸出的手，与此同时突然发力，将对方向自己这边猛地一拉，结果被拉的一方有时会因身体失去平衡而方寸大乱。

其实，将对方拉到自己的领域之中的动作蕴涵了三种含义：第一，拉人的一方缺乏安全感，一旦进入他人的领域，他就会感到紧张、害怕，所以他用这一方式使自己留在自己的私人空间中；第二，被拉的一方对于个人空间的要求并不高，几乎没有私人空间的要求；第三，拉人的一方想通过使对方失去平衡的方式获得控制权。

总之，不管是上述三种含义中的哪一种，使用这种扳手式的握手往往都能将对方拉进自己的控制圈内。

3. "压泵式"握手

顾名思义，"压泵式"的握手动作就好像是握住水泵的手柄，用力且有节奏地上下摇动。其实，这样的握手动作并非让对方完全不能接受，许多人就常采用这种方式。

关键在于，有些使用"压泵式"的握手方式的人异常执著，如果不加打断，他们会一直这样摇下去，使被握手的一方难以招架。

4. "老虎钳式"握手

这是男性在工作时最喜爱运用的握手方式，他们希望利用这种无声的动作说服对方。这种握手方式在一定程度上体现出使用者对于权力的渴望，以及对于控制双方关系乃至控制对方的信心。

使用这种握手方式的人通常会果敢且有力地先伸出手，而手掌的位置较一般握手位置偏低，然后再有力地握住对方的手，精神饱满地抖动几下。

5. "蜻蜓点水式"握手

这种握手方式多发生在异性之间，通常是因一方没能及时注意到另一方所发出的握手邀请，而突然间发现后想立刻伸手补救，结果在慌乱中双方只能以这种"蜻蜓点水式"的握手进行简单的问候。虽然先发出握手邀请的一方看似非常热情，但他的内心往往很不自信，他不能肯定对方是否能够回应自己的邀请，而采用"蜻蜓点水式"的握手其实是他想与对方保持一定距离，使双方都不至于过度紧张而使用的缓兵之计。

另外，握手双方对个人空间认识的差异也可能导致这种握手方式的出现。比如，当握手双方中一人认为的私人距离为60厘米，而另一个人认为是90厘米，那么后者所站立的位置就会比前者预计的位置远一些。因此，距离的误差会使两人的握手往往不能按照前者预计的方式进行。在同性中，假如你遇到了这种握手方式，你可以用左手拉过对方的右手，轻轻地放到自己的右手中，然后微笑着对他说："我们重新来一次，好吗？"然后再与对方以平等的方式握手。这一做法可以让对方感觉到你对他以及这次会面的重视，会大大提升你在对方心中的印象。

6. "死鱼式"握手

在所有握手方式中也许没有比握手时感觉自己像握住一条死鱼的情形更令人反感的了。

大多数人都会把握手方式与人的性格联系在一起，而"死鱼式"的握手会给人一种软弱无力的感觉，让人觉得使用这种握手方式的人性格懦弱。因此，"死鱼式"的握手被公认为最不受欢迎的握手方式之一。此外，使用这种握手方式的人一般缺乏责任感，不愿承担此次两人见面所产生的责任和义务。

当然，我们在考虑身体语言所传递的含义时还要考虑到文化或其他因素的影响，握手方式也是一样。例如，在亚洲和非洲某些地区，由于当地文化因素的影响，轻柔的握手方式是极其普遍的，而强硬的握手方式反而被认为是无礼的行为。

一般人都知道，用一只满是汗水的手去握手是非常不礼貌的。因此，明智的人会随身携带面巾纸或手绢，并在每次握手前将手心里的汗擦干净，避免了因手汗而给对方留下不好的印象。

7. 荷兰式握手

在荷兰，又称为胡萝卜串式的握手。因为这种握手方式源自荷兰，所以也有人称其为"荷兰式握手"。说起来，这种握手方式与"死鱼式"的握手算是"远亲"，只不过力度更大，而且摸起来

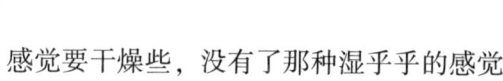

感觉要干燥些，没有了那种湿乎乎的感觉。

8. "碎骨机式"握手

"碎骨机式"握手与前面的"老虎钳式"握手相似，不过这种方式更为激烈，在八种令人反感的握手方式中，这种方式不仅令人反感，而且会令人生畏。因为"碎骨机式"握手不仅会在对方的脑海里留下糟糕的印象，甚至还会给对方的身体造成一定伤害。

"碎骨机式"握手好比一个标签，凡是贴有这个标签的人的性格往往都富有侵略性，喜欢在别人毫无防备时先发制人，抢占先机，并试图利用强大的手掌力量给对方一个下马威。如果在社交中有人故意用这种方式来向我们示威，我们可以让在场的所有人都注意到这一点，大声说"天啊，你把我的手握得好疼"或"你的力气实在太大了"。如此一来，这个人就不得不有所顾虑，有所收敛了。

握手是交际的一个组成部分，握手的力量、姿势与时间的长短都能够体现出握手者的个性与心理。总之，为了给人留下好印象，我们在握手时应努力合乎规范，避免做出一些失礼的握手动作。

膝盖上的秘密

一个人的膝盖上也隐藏了很多秘密，如果你仔细观察，会有很多意想不到的发现。我们一起来看看。

1. 双手交叉放在膝盖上表明对方持观望态度

一般来说，在与别人洽谈时，如果对方还没做出最后的决定，就会把双手交叉着放在膝盖上，以采取一种观望的态度。这是一种中立姿势。如果你注意到了对方这一微动作，那么不妨继续洽谈，直到对方答应为止。

2. 十指交叉放在膝盖上表明对方感到很无聊

假如你与对方交谈时，对方先把目光移开，并不由自主地将十指交叉在一起，放在膝盖上，这表明对方感到很无聊。如果你注意到对方这一动作，最好中止谈话。

3. 双手按住膝盖的人想要起身离开

双手按住膝盖是一种非常清楚的信号，这说明他的大脑已经做好了结束的准备。当你与对方洽谈时，如果注意到了对方这一微动作，最好及时结束自己的谈话，千万不要拖延，因为对方很可能有更重要的事去做。

冯老板是程帅的一位老客户，他们认识很久了，彼此非常熟悉。有一次，程帅跟冯老板约好时间，准备拿一些新的样品给冯老板看。

那天，程帅按照约定好的时间准时出发了。然而，让程帅始料不及的是，他走到半路才发现手机没带。尽管已经快到冯老板公司了，但他想，跟冯老板挺熟悉的，迟到一会儿也没关系。于是，又折回去拿手机了。

然而，再次出乎他意料的是，在他匆匆赶往冯老板公司时，冯老板在他进门的前10分钟接了一个电话，冯老板的父亲从云南来看他了。父亲年老，又不熟悉路线。因此，他必须去火车站接父亲。

冯老板匆忙收拾好东西，正准备离开时，程帅却敲门进来了。冯老板想简单看一下他带来的材料，应该也不会耽误太长时间，于是就重新坐回到办公椅上。

程帅一到就立即递上了自己的材料。冯老板接过材料看了起来，他突然发现了一些新的设计，而这些设计不是一时半会能解释清楚的。他一着急，就不由自主地将双手摁在了膝盖上，一只脚在前，一只脚在后，膝盖弯曲。

程帅本来坐在办公桌一边，这时他想要站起来给冯老板解释一下。不料，突然看到冯老板两手摁在膝盖上，一只脚在前，另一只脚在后，膝盖弯曲。他当即明白冯老板一定有什么事情急需处理。他又看了一眼放在办公桌上那个收拾好的小皮包，更加确信了自己的猜测。于是，程帅放下手中的资料，微笑着说："冯老板，您是不是有什么急事要去办啊，我耽误您时间了吧！我们的事情改天再谈吧，您先去忙吧。"

冯老板如实说出了自己的事情。程帅一听，赶紧道歉。冯老板随即站了起来，很感激地说："谢谢理解，那我们就改天约个时间再谈吧！今天真抱歉，让你白跑一趟了。"

可见，交谈时我们需要注意到对方膝盖与腿部的动作，因为这里可能传达着大量的信息。

根据英国心理学家莫里斯的研究，人体中越是远离大脑的部位，其可信度越大，也就是说，人的腿和膝盖做出的动作，更能真实地反映一个人的内心。

明白了腿和膝盖上的动作所隐藏的含义，就能更好地让事情水到渠成，而不会让对方难为情了。

第三章 腿脚的秘密：
根据行为巧妙分析心理

现实生活中，人们在对他人做心理分析时，习惯从视线之内着手，比如，人的头部、面部、手等，而对那些人们视线之外的部位，比如腿和脚，则很容易忽略。尽管一个人可以假装在认真倾听对方的谈话，但他的脚尖方向、腿部动作等却准确无误地吐露出内心真实的信息。所以，腿部和双脚是不可忽视的丰富的信息源，能够泄露人们内心的秘密。

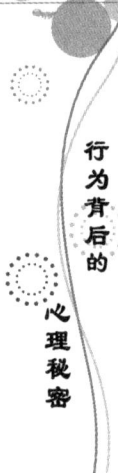

站姿所暗含的心理信息

日常生活中，我们常听长辈们说"站有站相，坐有坐相"，这是告诫我们要行为端庄、知仪识礼，事实上，从这些简单的动作中我们也能察看出一个人的心理活动。心理专家经过研究后认为：不同的站姿往往能反映出一个人的性格特点。不同的生活习惯、起居饮食、言谈举止、厌恶爱好以及意识倾向会决定一个人的站立姿势，也就是说，我们可以通过一个人的站姿看出这个人的性格特征和内心的真实情感。站立这种简单的动作也是百人百样，但只要细心观察周围的人，就可以从他们站立的姿势中探知其心理活动。

老刘现在已经40岁了，从年轻的时候开始，他就是好像什么都无所谓的样子。

通常，在公共场合，人们看到的他都是这样一个姿势：两脚并拢或自然站立，双手交叉背在身后。

和朋友出去吃饭，朋友问他要吃什么，他说："随便啦，怎么样都行。"

后来，到了结婚的年纪，家里父母开始着急了，问他的个人问题，他的回答是："随缘吧。"再后来，经过亲戚介绍，认识了现在的妻子，家人问他对女孩（现在的妻子）的印象，他回答："你说呢？"总之，从他嘴里，永远得不到一个明确的答案。

儿子开始上小学后，变得调皮、不爱学习，妻子为教育孩子的事头疼得不得了，他反倒安慰妻子："让他去吧，儿孙自有儿孙福。"妻子气不打一处来，他却一笑了之。

单位新来的小伙子在工作上很认真，经常是大家下班后他还在工作，老刘看到后，对他说："年轻人，没必要那么认真吧。"一句话让小伙子丈二和尚摸不着头脑……

可以说，故事中的老刘就是个典型的"无所谓"先生，这一点，从他日常生活中的站姿已经可以看出来了。经常有这样站姿（两脚并拢或自然站立，双手交叉背在身后）的人一般都与人相处得比较融洽，很大的原因可能是由于他们很少对别人说"不"。他们的快乐来源于对生活的满足，而同时，不愿与人争斗的个性既能给他们美好的心情，也带给他们愤怒，因为生活并不总是遂人愿，一味地逃避争斗有时候只会使事情更糟糕。

那么，具体来说，我们该如何从一个人的站姿中窥探其内心的秘密呢？

1. 含胸、背部微驼

很多女孩子在青春期发育时对身体的变化没有树立起健康积极的认识，容易有这种站相。这样的人往往缺乏自信，若是女孩子，则是很单纯的类型，需要外界加强保护或积极引导。

2. 挺胸收腹、双目平视

这种人往往有充分的自信，要么就是十分注意个人形象，要么就是此时心情十分愉快。

3. 两手叉腰而立

这是具有自信心和在心理上占据优势的表示。如果加上双脚分开比肩宽，整个躯体显得膨胀，往往存在着潜在的进攻性。若在加上脚尖拍打地面的动作，则暗示着领导力和权威。

4. 单腿直立，另一条腿或弯曲或交叉或斜置于一侧

这是表达一种保留态度或轻微拒绝的意思，也可能是感到拘束和缺乏信心的表示。

5. 将双手插入口袋

这是不表露心思、暗中策划的表现。若同时弯腰弓背，可能说明事业或生活中出现不顺心的事。

6. 倚靠站立，不是靠着墙，就是靠着人

这类人比较坦白，容易接纳别人。但是缺乏独立性，总喜欢走捷径。

7. 遮盖式站立

手有意或无意地遮挡裆部，一般是男性采取的动作。遮住要害部位，是一个防御性动作，说明其心里忐忑不安，准备遭受批评和不赞同。

8. 双脚呈内八字状

多为女性的站姿，有软化态度的意味。许多女性在担心自己的支配欲和好胜心太强时，往往采取这种站姿。

9. 双脚并拢，双手交叉站立

并拢双脚、交叉双手表示谨小慎微、追求完美。这种人看起

来缺乏进取心，但往往韧性很强，属于顽强而平静的人。

10. 习惯倚靠着物体站立

他们不是靠着墙，就是靠着桌子，没有任何物体的时候，还会靠着别人。这类人为人坦白爽直，也容易接纳他人，但缺乏独立性，做事总喜欢走捷径。

坐姿中的双腿交叉暗含了什么

现实生活中，可能你也发现，与人面对面坐着交谈时，对方可能偶尔会摆出双腿交叉的动作，这是习惯性坐姿还是对方产生了心理变化？我们不妨先来看下面一个故事。

小张大学毕业后，来到一家外企面试，面试他的人事部经理说话很客气，半个小时后面试结束了，他握着小张的手对小张说："请回吧，我们研究一下，会告诉你面试结果的，再见。"

小张当时心里很没底，他知道自己该去另外一家公司面试了，不能耗在这件事上，因为他已经看出了这次面试的结果：在谈话时，经理虽然面带微笑，但是他的双腿却由刚开始的平直变成交叉，并开始双手抱胸，小张明白，这种体态就是表示：无论你怎么吹嘘，我都不会相信你说的。对你讲的我也不感兴趣，你不是我们所需要的人。

小张因为懂得身体语言，看穿了经理的心思，从而看出了自己的面试结果，没有浪费自己过多的时间。

从小张的故事中，我们也可以看出一点：很多时候，人们双腿交叉而坐并非是习惯使然，很有可能是排斥对方的表现。

假如我们在一家餐厅看到这样一个场景：一对相亲的男女正在聊天，男士正在侃侃而谈，情绪热烈，女士也频频微笑点头，乍一看，你会以为这是一次成功的会面，他们之间也必定会有下文，但只要你稍作留心，就会发现，女士的坐姿：双腿交叉，身体略微稍后倾，而脚尖正指向最近的一个出口。由这个姿势我们就可以明白，女士对这场谈话没有兴趣，内心深处有离开的打算。

在与人面对面交谈时，如果你发现对方的双腿和双臂同时处于交叉状态，你就可以判断出，他的注意力已经不在你们的谈话上了，甚至他的心思已经飞向远处。为了不让你感到尴尬，对你说话的内容，他会给出敷衍式的回答，比如"是"或者"不是"等词语。这时要想让对方对你的观点表示真正认同是非常困难的。

再比如，你出席一个晚宴，发现在大厅的角落里站着一个人，他双腿交叉，同时还抱着双臂，这说明此人思想非常保守，对人的戒备心很强，这时，跟他很顺利地展开话题是非常困难的，你必须从消除他的戒备心开始入手，而且要做好打持久战的准备！

另外，相对于女性来说，男性更喜欢双腿交叉这个坐姿，甚至有一些人，他们并非是一条腿轻松地搭在另一条腿上，而是更习惯将一只脚踝放在另一条腿的膝盖上，两条腿呈"4"字状。这种坐姿代表了争辩或者争取获胜的态度。因为这个坐姿可以凸显男性的生殖器，因此被看成一种示威的姿态，猴子、猩猩进行心理斗争时，也会用这种坐姿来展示自己的生殖器，以表达自己的"威力"。女人比男人更在意自己的形象，这样的坐姿并不雅观，另外跷二郎腿并不符合礼仪规范，所以做出这个姿势的大多是男士。男士在摆出这个姿势时，不仅能体现自己的自信和支配地位，同时也会显得轻松。

但要注意的是，在和长辈或领导交谈时，千万不要摆出这种姿势，因为这会让长辈和领导感到你对他不敬。

如果一个人做出"4"字腿坐姿的同时，还用一只手抓住抬起的那条腿，那就说明这个人非常有主见，甚至可以说有主见过了头，到了固执的地步。对这些人，不要轻易去说服他们，因为你的努力往往是白费的。

坐在椅子前端踮脚尖是想合作

在与客户谈判时，当对方身体坐在椅子前端，脚尖踮起，呈现出一种殷切的姿态，这就表示对方愿意合作。如果你善加利用，双方就可能达成互惠的协议。当你与一个人的谈判遇到阻力时，如果发现对方有了这种微动作，不妨稍作让步，如此一来，你们的谈判会令双方都满意。

杜瑶瑶是总裁的助理。有一天，公司有一位非常重要的客户需要去洽谈。总裁便把这个任务交给了杜瑶瑶。

杜瑶瑶按照约定的时间早早地来到了约定的地点。一见到客户，她非常热情地与客户握手，给客户留下了良好的第一印象。

待双方坐定后，杜瑶瑶便将公司的资料与自己的名片一并递给客户，并详细讲解公司的业务流程。客户一边看资料，一边乐呵呵地说："早就听闻贵公司管理制度非常完善，今天听你这么一介绍就知道果然名不虚传了，能与你们合作真是一大幸事。"

杜瑶瑶听客户这么说，心理自然乐开了花，也笑着说："是啊！我也早听说黄老板您了，今天能跟你面对面地交谈，也是我的一大幸事啊！既然如此，黄老板那您看我们的合同……"

客户摆了摆手说："不急，不急！我们先聊聊天。"

客户这句话让杜瑶瑶捉摸不透，她不知道客户心里到底怎么想的，是不想让她难堪，让她自己退出，还是客户比较谨慎，希望多花一些时间详细了解一些。就在杜瑶瑶百思不得其解时，她突然注意到客户桌下的双脚。她发现客户坐在椅子上，脚尖踮起。这一发现让她欣喜不已，她知道对方心里也渴望签合同，但可能还存在一些疑虑，需要再求证什么。只要善加利用，双方就可能达成互惠的协议。

因此，杜瑶瑶微笑着说："是的，这样的机会挺难得的。我们得好好地聊一聊。"在聊天的过程中，杜瑶瑶发现客户的话题总是围绕公司聊，比如公司去年盈利多少、公司现在的人员状况等。对此，杜瑶瑶都一一作答。

最后，客户果然拍着杜瑶瑶的肩膀说："跟你洽谈业务真是一件很愉快的事情，我们现在看看合同吧！"说完，拿过合同就签上了自己的名字。

脚尖距离人的大脑最远，但很多时候所反映出来的却是一个人最真实的心理活动。假如你仔细观察，就能发现对方潜藏的其他信息。我们一起来看看。

1. 脚尖从对向自己转向门表明其想离开

心理学家认为，脚部转动的方向，尤其是脚尖转动的方向，是表明对方是否想要离开的最好信号。在与对方交谈时，假如你发现对方的脚已经不再对着自己，而是向另外一个方向转动，或者是指着门的方向，这往往意味着他想要离开了，这时你就应该意识到这其中可能出了什么问题，不要再继续"麻烦"对方了。

2. 频繁地踢脚表明对方拒绝

美国心理学家罗伯特·索马通过实验证明，当一个人被他人过多地侵入内心世界时，最初的拒绝方式是频繁地踢脚尖。在与对方交谈时，假如你发现对方开始踢脚尖了，这时你就应该明白，对方已经开始心不在焉，甚至是开始抗拒和拒绝了，这时候你最好转换话题。

3. 用脚尖点地板意在警告你别再前进

在与对方交谈时，对方不断地用脚尖点地板就是在向你发出警告：不要再继续了，否则别怪我不客气。此时，你就应该停不下来了，不要继续侵犯他的"领地"，与其步步紧逼，不如给对方一个安全范围圈。

4. 一只脚的脚踝搭在另一条腿上的膝盖上表明其不服输

在与对方交谈时，对方一只脚的脚踝搭在另一条腿的膝盖上就表明他此时正抱着不服输或争胜的态度。你的解说还没打动他，需要进一步解说。

5. 脚趾向上翘起表明其心情愉悦

当一个人心情不错，或者听到什么令自己高兴不已的事情就会不由自主地将脚趾向上翘起来，并指向天空，而脚跟还处于着地状态。如果见到对方做出这种动作，就表明对方对你的话很感兴趣。

不自觉抖腿在表达什么

对于所有情侣来说，恋爱谈到一定阶段就要谈婚论嫁，就免不了要见家长，小杨与小米恋爱半年多了，小杨决定正式见见小米父母。于是，为了体现自己的诚意，小杨去酒店订了一桌酒席。

这天，小杨很快到了酒店，他紧张不安地等待着小米父母的到来。终于，这一家人姗姗而来了。

一番介绍后，小杨便对小米父母说："叔叔阿姨，我听小米说你们有一些忌口，就点了一些你们爱吃的菜，希望你们别嫌弃。"小杨很紧张地说完了这句话后，留意了一下小米母亲的表情，虽然对他笑了笑，但很明显，好像并不满意。

接下来的一顿饭，虽然小米尽力从中斡旋，但小米母亲似乎都不大高兴，她和小杨都觉得莫名其妙。

饭后，小杨给已经和父母一起离开的小米发了条短信："你帮我问问，我哪里做得不好？"

"放心，收到，包在我身上。"

回到家后，小米母亲把包重重地摔在沙发上，不高兴地说："还说什么研究生毕业，这么没教养？"

"老伴，咋了？刚才吃饭的时候我就看到你脸色不对了，那孩子挺好的啊，怎么就没教养了？”

“你老花眼了吧，他一直在那儿抖腿你没看见？我看，他要是动作再大点，整个桌子就要被他掀了。”

“哎，我看你是误会了，这是紧张焦虑引起的表现，你以为他不想给我们一个好印象？但越是想表现自己，越是紧张。”

这时候，小米也解释道：“是啊，他平时没有抖腿的习惯的，即便和那些大客户交谈，他也能镇定自若，看来，您真是冤枉他了。”

生活中，我们也会遇到这样的情况，他人与我们交谈时会不自觉地抖腿，我们可能也会指责对方不尊重人，对于这样的情况，长辈们可能还会说“什么臭毛病”，然而，这样的指责，有时候还真受得有点冤。就如同故事中的小杨一样，他就是因为不自觉地抖腿被小米母亲认为是没有教养的表现，不过庆幸的是，最后，小米的父亲为他进行了一番解释。

有专家从生理学角度，对抖腿动作进行了分析。从生理学上讲，久坐或久站不动，都会让腿感到不舒服，血流不畅，所以在自觉不舒服的情况下，人就会在无意识中活动起来，以促进血液流通，缓解不适。而在心理方面也有类似的意思：当心理较长时间处于紧张、焦虑状态时，人就会不自觉地做出缓解反应。

美国加州大学的一个博士做过这样的研究，在某些情况下，如果有个人靠近自己，感觉到将要被侵犯的话，腿脚便开始抖动，而且内心的畏惧越大，腿脚的抖动就会越厉害。

这似乎是说人在面临威胁感到不安时会做出相应的反抗，的确，倘若感到不安，就会腿脚抖动。

可以留心身边的某些人，如果他抖动，说明他正在紧张或不安。可以通过让气氛缓解下来减少他的不安，这样他才会慢慢地趋于平静。

不过，有些人腿脚抖动成为习惯了，一旦感觉到不顺，就无法克制住心中的焦躁，往往会表现出来。这些人会流露出不高兴的情绪，也会很恼火，不知所措。

这一类人依赖性也很强，容易以自我为中心，随随便便就会产生了不满的情绪，似乎他需要别人的谅解与支持。一旦别人不能达到他的心愿，他的心里就会着急，腿脚开始抖动。

腿脚抖动得越快的人表明他的心里越着急，我们有必要设法让他镇定下来。不然，他会变得毫无主见。

腿脚抖动厉害的人，往往不会被重用，因为他们往往会在节骨眼上出现失误。当然他们也绝不是一无是处，在静下来的时候，他们更容易反思问题，做到让别人满意。

膝盖并拢所传递的信号

在美国的加州发生了一起儿童拐卖案件，在案件的审理过程中有这样一段插曲。办案人员审讯一位涉嫌拐卖儿童的女士时，始终得不到任何有价值的信息。案件陷入僵局状态，一方面是受害儿童的指认，一方面是犯罪嫌疑人的百般推脱，这让办案人员倍感压力。

是否因为被拐儿童年纪小，并且一直处于高度紧张、害怕的情绪之中，对拐骗他的人出现记忆上的偏差呢？办案人员带着这个疑问，反复观察询问嫌疑人时的录像。结果嫌疑人在接受讯问的过程中一直非常配合，也没有表现出反常情况，对所有讯问均有问必答，尽管她的语速比较慢，但都会在第一时间应答。此外，犯罪嫌疑人一直保持着双膝并拢，小腿与脚跟分开成"八"字状，手掌相对放在双膝之上。

可以看出，犯罪嫌疑人的情绪一直处在高度紧张的状态下，而在紧张状态下回答问题还能不假思索，由此可见，她不是一个心理素质极强、善于伪装的惯犯，而是一个相对保守、害羞、腼腆的人，她所说的话都是真实的。

最终，办案人员通过其他途径抓住了真凶，帮助这位女士洗脱了罪名。

很多有经验的办案人员已经面对过太多巧舌如簧的罪犯，所以他们在辨别嫌疑人所言的真假时，往往依靠的线索不是言语表达，而是肢体语言所显示的信息。正如上面这个案例，办案人员就是通过一系列的肢体语言得到答案的。

我们不妨再回顾一下那位女士的肢体动作。审讯期间她有这样一个动作——膝盖一直紧紧并拢，由此，办案者推断出了嫌疑人的性格和心理特点。

一般来说，大多数喜欢做这一动作的人都比较内向、羞涩。此外，这类人大多不喜欢与陌生人说话，不喜欢参加社交活动；他们感情非常细腻；他们对朋友相当诚恳，每当别人有事相求时，他们都会义不容辞；他们是典型的保守派，对事物的看法、观点一般不会有太大的变化。

假如你正在交往的人中有习惯做这一动作的，那么请理解他的冷淡和不苟言笑，因为在他看似冷漠的外表下，往往隐藏着一颗最真挚的心。

脚踝相扣的人正在克制情绪

从小父母和老师就教导我们，要学会约束自己。"忍耐一下"是我们听到的最多的一句话。我们也常常用类似的话来克服沮丧、焦虑等情绪，其中最重要的是抑制愤怒。长大之后，我们渐渐学会了用各种姿势掩饰自己的情感、规范自己的行为。

克制自己的情绪体现在行为上就是脚踝相扣。当你看到某人两只脚踝相互交叠，你就应该注意此人是不是正在克制自己。因为人们在压抑强烈的感觉或情感时，会情不自禁地将脚踝紧紧交叠在一起。有人开玩笑说，这种姿势表现出了某种"压抑"，就像"急着上厕所而又不能去的样子"。

在与嫌疑人进行交涉时，FBI 的特工经常选择让对方坐着自己站着的方式展开谈话。因为人们在坐着时往往会产生更多的腿部动作，也就更容易暴露心绪。比如，当一个人处于紧张、惶恐的状况下时，往往会采取脚踝相扣、双手紧抓椅子扶手的姿势。

航空公司的空姐们非常擅长解读乘客的肢体语言。对于那些真正需要服务却又羞于启齿的乘客，空姐们具有独到的辨别本领。如果有的乘客上了飞机之后，脚踝不断地交叠又松开（尤其是在飞机起飞之前），她们就能判定这个人心里十分紧张与不安。当她们端咖啡、茶或牛奶过来时，如果这个人的脚踝没有分开移向椅边，而仍紧紧交叠着，就说明他可能需要帮助。

我们还发现，坐在牙医的诊疗椅上接受治疗的病人，躺在理发椅里准备刮胡子的顾客，他们都会情不自禁地把两只脚踝紧紧地交叠起来，同时两手紧抓住椅子扶手。由此我们可以判断，处于这两种情况下的人都在努力克制着自己的不愉快情绪。

也许有些人会说，采取这种姿势能使他们感到舒适。其实，这不过是用舒服作借口来掩饰内心的紧张罢了。当你躺在床上休息时，如果发现自己的脚踝是交叠的，请松开它们，看看这样能否使心情更放松。

通常，人们在工作或生活中遇到棘手的问题时，也会无意识地做出脚踝交叠的动作。当事情得到圆满解决，一切顺利进行时，他们就会不自觉地分开双腿。

从行走的步态了解一个人

可能你从老远就能认出你的朋友，而你并没有看清他的衣着面容。在众多身材相同的人群中，只能是他独特的步态引起了你的注意。

步态是因人而异的。虽然人们的骨骼结构基本相同，但体形毕竟有着许多细小的差异：高矮、胖瘦等。至于步态，完全可能因为职业和经历的不同而造成差异。一个军人和一个农民的步态可能不同，一个舞蹈演员和一个售货员的步态迥然有别。性格秉性也能在步态上有所表现。急性子的人走起路来风风火火，慢性子的人则慢慢悠悠。精神状态不同的人的步伐也不一样。精神饱满的人和生活困顿、境遇悲惨的人步调难于一致。

生理状况不同的人，步态差异更大。小儿麻痹后遗症患者，自然不能同健康人相比。老年人和儿童的步伐明显不同，而且相映成趣。一个老人带着他的小外孙散步，老年人的步履沉稳而缓慢，略显僵硬。儿童的步伐则活泼而稚拙。老人慢悠悠地迈了三步，儿童蹦蹦跳跳地走了五步。

男性和女性的步态也不同。总之，步态是因人而异的。

既然步态因人而异，那么，是否一个人的步态在任何时候都始终如一呢？结论是否定的。人们在满怀欣喜时和沮丧时的步态显然不同；等车时烦乱的脚步与下了车匆匆奔回家的步态又不一样。所以，步态还是因时而异的。

多样的步态，给我们提供了大量的信息。我们可以从步态上判断出人的大致性格和精神状况。

1. 心事重重，步履彷徨

有心事的人被其内心的烦恼纠缠着，无心注意周围的事情。他们往往垂着头，视野仅限于脚前不大的一块空间。步态是心态的外在表现。如果你的朋友低垂着头，双手插入口袋，对一切都视而不见，只管漫无目的地踱步，那么，你的朋友肯定心事重重。

2. "春风得意马蹄疾"

古时中状元者要十字披红，跨马游街，以示荣耀。状元的喜悦之情是不言而喻的，就连他胯下的骏马也蹄步轻快。

同样，顺利通过考试的学生，他们的脚步会非常轻松，富有朝气。男孩有时会边走边玩，把小石子踢向路边。女孩则会蹦蹦跳跳，就像脚下安了弹簧，或者边走边模拟着跳绳、舞蹈的动作。

3. 沮丧的步态

人们不会总是兴高采烈，有时会遇到挫折、失败。眼看着足球飞进自己的大门，守门员会懊恼不已。由于精神上的萎靡，全身的肌肉都会放松，走起路来垂头丧气，低头塌肩，步履维艰。

4. 昂首阔步

只要注意一下你专横的上司，看看他走路的姿势就能明白，那种步态简单是趾高气扬，目空一切。

有的人昂首阔步是装出来的，以表明自己是强有力的人。有的人则是自然地挺胸阔步，那是自信和优越感的外现。他们的手臂摆动幅度较大，眼光正视前方。区别是，前者略显做作，脚步也有些僵硬，而后者很随意。

5. 群体的步态

一旦和人同行，步态就不仅仅表现个人情绪了，还表明彼此之间的关系。在公共汽车站的人，其步伐是散乱的。大家各走各的，只要不踩上别人的脚就行。而学校放学、工厂下班时的情形则又不同。相识的人总是并肩而行，步子大小、快慢会大体一致。之所以如此，主要有两个原因：一是心理上互相认同的人们在外部行为也要求一致；二是横排成队的走法有益于沟通。

6. 特殊群体的步态

以上五种步态完全是自主的行为，而有些群体的统一步态则不同，要经过专门训练且听从指挥。阅兵式上，成千上万的士兵

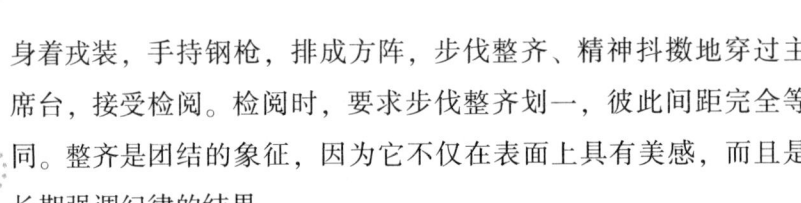

身着戎装，手持钢枪，排成方阵，步伐整齐、精神抖擞地穿过主席台，接受检阅。检阅时，要求步伐整齐划一，彼此间距完全等同。整齐是团结的象征，因为它不仅在表面上具有美感，而且是长期强调纪律的结果。

7. "鹤立鸡群"的步态

为了某种需要，人们常常强调一些人的特殊地位。有的人在群体行走时，以突出的位置、特殊的步伐来表现自己。如走到众人的前面，形成众星捧月式的队形。这种步态甚至程式化了。

第四章 习惯使然：
日常行为表达的真实心理

心理学家认为，每个人的想法、弱点、秘密、策略、内心世界等，都会通过日常行为习惯显露出来。所以，读懂一个人最好的方式就是从他的习惯入手，这样不仅能近距离看清他的庐山真面目，而且容易找到有针对性的解决问题的办法。

看电视时的习惯动作透露真实个性

人们在看电视时所表现出来的习惯也不同。有的人一看电视，就精神百倍、聚精会神；有的人却一边做家务，一边瞄一下电视；也有一些人一坐在电视机前就犯困，电视里的声音似乎就是催眠曲；还有一些人看电视喜欢走马观花，他们似乎什么都懂，不停地换台。其实，这些常见的看电视的习惯都有可能发生在你我的身上，透过这些习惯可以看出一些我们的性格特点。

金先生和金太太已经结婚30年了。可以说，30年来，金先生都是在金太太的唠叨中度过的，然而，金先生反而觉得这是一种幸福，他认为，夫妻之间拌拌嘴才是过日子。

这天，金太太照例和自己的几个老友约好出去逛街，几个女人聚到一起，难免要谈到自己的丈夫。一提到这点，金太太又开始唠叨起来了："我们家老金，我真是不知道说什么好。你看，结婚这么多年，他好像把我当空气。周末，想让他陪我逛逛街，他从来都是摇头谢绝，即使我生气，他也不愿意。好吧，我不勉强他，但晚上，我让他陪我看看电视，他居然一窝在沙发上就睡着了。没办法，我又不能让他感冒了，就让他去床上睡觉。你们说，这样的老公要来干什么？一点意思都没有。"

"你就知足吧，其实，你自己都没意识到，你家老公的性格很好，我家老公还经常跟我抢遥控器，一个劲儿地换台，很受不了。

你自己想想，谁更好点？"一个姐妹对金太太说。

"是啊，其实，就一个简单的看电视的习惯，我们都能看出来各自老公的性格，金先生这样的人就属于随遇而安的。你们结婚30年，一直感情不错，其实也就是性格互补，你一天咋咋呼呼的，金先生这样的性格才适合你啊。"另外一个姐妹补充道。

"你们说的也是，我们家老金的确是大部分事都顺着我，不跟我顶嘴。这么来看，我还真捡到金子了啊。"

"那是当然……"

的确，生活中，人们的很多性格特点都能从他们的生活习惯中体现出来，其中就包括看电视。故事中的老金是个一看电视就睡觉的人，这样的人通常性格比较温和，很易相处。

下面我们就根据几种常见的看电视的习惯来读懂他人。

1. 聚精会神型

有这样一些人，他们喜欢在某个固定的时间打开电视机，然后聚精会神地看电视，他们不会一边吃东西或者干家务，一边看电视。这样的人，他们做人做事就像看电视一样都很认真，全身心地投入。另外，他们的情感比较细腻，有丰富的想象力，很容易与他人产生共鸣。

2. 走马观花型

我们的家人或者朋友中，肯定有这样一些人，他们总喜欢拿着遥控器，不停地换台，好像永远找不到他们喜欢的电视节目，常常使身边的人不能认真地看电视。这样的人耐心和忍受力都不是特别强，但他们的独立性很强，不属于那种人云亦云的人，也

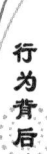

不是那种一哄而起、一哄而散的人。他们在生活中很懂得节约，不会浪费时间、金钱、财力、物力等。

3. 忙里偷闲型

有的人看电视的习惯，与专聚精会神型相反。他们不会为了专门看电视而坐在电视机前，他们把看电视当成一种附加活动。比如，在他们摘菜、拖地时，他们会打开电视机，忙里偷闲地看看电视，但他们不会把注意力放到电视上。这样的人很有灵活性，他们做人做事都不会因循守旧，懂得变通，能够较容易地适应各种各样的环境。有时候，不管条件允不允许，他们都很愿意尝试新鲜的事物，向自己、向外界进行挑战。

4. 睡觉型

有的人在看电视的时候看着看着就睡着了，经常是躺在沙发上，而电视还开着。除去是因为工作太劳累，人非常疲劳的情况外，这种类型的人的性格大都是随和而乐观的。他们往往也能够笑着坦然面对在生活和工作中遇到的挫折和困难，并积极地寻找各种方法，力争到最后轻松地解决。

习惯把购物小票和发票揉成团

生活中，我们可能经常会看到这样的现象：在超市或商场的收银台，一些人会把结账时的小票或者发票使劲揉成团或者撕成碎片。心理学家称，一般来说，这类人的精神压力比较大，小票或发票就是他们发泄的对象。

我们在日常工作和生活中难免会遇到一些不顺心的事情，不快的情绪如果没有及时得到排解，将会有害身心健康。而且，假如我们凡是遇上不顺心的事情，就将自己不快的情绪发泄到家人或朋友身上，必然会伤害身边最亲近的人，甚至影响家庭或同事间的和睦关系。因此，对于大多数人来说，都会寻找情绪的宣泄方法，其中，就包括把发票或者小票揉成团，当然，这是他们无意识的行为，这样的方式似乎能让情绪平静一些。这些借助其他方式来发泄情绪的行为，在心理学中称为"转移行为"。

把情绪发泄到小纸片上，虽然不能从根本上解决问题，也不能给人带来多大的快感，但很多人就是忍不住要这么做。可见，找到适当的方式确实有助于消解精神压力。

转移行为的具体形式因人而异，而且即使是同一个人，在不同情况下使用的发泄方式也不同。比如，电影中，我们会看到一些夫妻，因为小事吵架后，他们会把盘子、杯子摔得粉碎，这就是转移行为的一种。因为发泄情绪的对象是完全没有关系的事物，所以也可以说是一种乱发泄。

的确，每个人都会产生不良情绪，这很正常，我们不要把这些情绪压抑在心中，因为一味地压抑心中不快，只能暂时解决问题，负面情绪并不会消失，久而久之，就可能填满我们的内心世界，使我们的身心越来越疲惫。正所谓"堵不如疏"，除了自我的调节和消化外，我们还应该给不良情绪找个宣泄的出口，让它尽快释放出来，将负面情绪减小到最低程度。

不过，如果能在了解自身精神压力原因的基础上，通过转移行为正确地发泄负面情绪，那么这样的转移行为就是一种健全的精神压力消解法。

美国金融公司经理伍德亨先生能够取得辉煌的成就，得益于他年轻时养成的一种调整情绪的习惯。那时，他还是一个公司里的小职员，经常受到同事们的轻视。

一次，他忍无可忍，决定离开这个公司。临行前，他用红墨水把公司里每一个人的缺点都写在纸上，将他们骂得体无完肤。骂完后，他的怒气逐渐消去，决定继续留在公司。从那次以后，每当心中愤怒的时候，他总是会把满腹牢骚都用红墨水写在纸上，这让他立刻感觉轻松不少，好像一个被放了气的皮球一样。这些纸条一直被他隐藏起来，从不拿给别人看。后来，同事们知道他的这种宣泄怒气的方法后，都觉得他极有涵养。上司知道后，也对他青睐有加。

坏情绪是影响人际关系的"无形杀手"，然而，我们无一例外地受七情六欲的影响和支配，会被各种情绪所困扰。因此，我们要学会释放，通过其他行为转移自己的注意力，进而逐渐淡化情绪。

每个人都会对身边的事情产生一些负面情绪，但自控能力强的人善于以正确的方式排解心中的不快，而不是将情绪传染给身边的人，让他们成为我们情绪发泄的对象。

那么，我们该如何修炼自己平和的心性，避免情绪化呢？发泄自己的不良情绪，有很多方法。

第一，倾诉法。当你心情不好时，可以找自己最信任的朋友倾诉，但你最好找那些比较冷静、理智的朋友，因为他们能给你提出一些疏导情绪的意见。

第二，摔打安全的器物。如枕头、皮球、沙包等，狠狠地摔打，你会发现当你精疲力竭时，内心是多么畅快。

第三，高歌法。唱歌尤其是高歌除了愉悦身心外，还是宣泄紧张和排解不良情绪的有效手段。

第四，环境调节法。心情不好或感到压力大、郁闷不乐时，你可以走出办公室，走出家，去大自然中呼吸新鲜的空气，我们的心绪往往就能很快得到舒缓。如果有条件，还可以进行短期旅游，从而彻底放松自我。

第五，注意力转移法。当出现不良情绪时，可以将注意力放到其他事情上去，做自己喜欢做的事，比如，打球、跑步等，从而将心中的苦闷、烦恼、愤怒、忧愁、焦虑等不良情绪通过这些健康的活动得到宣泄。

心理学家认为，"在发生情绪反应时，大脑中有一个较强的兴奋灶，此时，如果另外建立一个或几个新的兴奋灶，便可抵消或冲淡原来的优势中心"。我们因为某件不顺心的事情烦躁、暴怒的时候，可以有意识地做点别的事情来分散注意力，缓解情绪。

喜欢游戏的类型体现出不同的个性

生活中有不少人喜欢玩各种各样的游戏，比如说一些网络游戏，还有不少的益智游戏。一般来说，人们经常玩一些游戏，最主要的原因是为了使自己有一个放松的机会，另外比较重要的原因就是经常接触一些锻炼思维能力的游戏，会使一个人逐渐地变得更聪明和智慧。因此，游戏也逐渐成为一种兴趣融入人们的生活领域里，很多人在工作劳累之余，或是休息时，就会不由自己地玩起一些自己喜欢的游戏。

每个人所喜欢的游戏不同，就代表了不同的性格特征。有的人喜欢玩拼图游戏，有的人喜欢玩魔方，有的人喜欢玩几何图形的游戏，有的人喜欢玩智力测试。总而言之，我们不能只是看到游戏的娱乐性质，而是要善于透过游戏去读懂他人。下面就介绍几种人们常玩的游戏。

1. 网络游戏

现在有不少年轻人沉迷于网络游戏，这类人一般自控能力比较差，常常生活在自己的幻想世界里，有点不切合交际。如果突然从网游世界中出来，就会有种现实的挫败感。由于生活带来的苦闷情绪使得他们愿意沉迷于自己的世界中，甚至花费大量的精力、财力去为自己组建一个虚幻的网络世界，因而往往耽误了自己的学习与工作。

2. 拼图游戏

有的人喜欢玩拼图游戏，这一类型的人有较强的忍耐力，对自己充满信心，即使是在生活中遇到了困难和挫折，他们也不会轻易地被打倒，而是能够保持继续坚持的奋斗精神，或者从头再来。在他们的生活中，经常会被很多意料之外的事情所干扰，他们可以付出很大的精力和很长的时间来进行处理，即便是最后失败了，他们也能保持一种乐观、积极向上的心态，并且希望能够顺利解决一切问题，然后自己再重新开始。

3. 魔方游戏

有很多人钟情于玩魔方，这类游戏往往需要极富智慧的头脑。因此，这一类型的人一般都拥有较强的自主意识，他们不希望得到别人已经做好的东西，而自己不需要付出什么，他们更愿意自己花费大量的时间和精力，甘愿为此付出很大的代价，去追求那些感兴趣的事情，而不喜欢把别人的成果据为己有。他们心思灵巧，思维相当敏捷，喜欢自己亲自动手去做很多事情。除此之外，他们还有很好的耐心，即便是同一件事，别人已经表现出不耐烦的情绪了，他们还能够坚持到底。

4. 字母游戏

有的人喜欢玩字母游戏，喜这一类型游戏的人具有异常灵敏的思维反应能力，即使面对不同的人和环境，他们也能尽快地调整自己，在最短的时间内适应新的人际关系和环境。而且，他们善于观察他人，能够洞察他人心理。

5. 图形游戏

有的人喜欢玩几何图形游戏，这一类型的人，他们大多比较聪明和智慧，他们不会人云亦云，随波逐流，他们会有自己独到的见解，他们不喜欢做没有把握的事情。在做任何一件事情的时候，都要有周密的计划、详细的策划，当心中有了大概的轮廓之后，他们才会开始行动。这样周密的计划，使得他们即便是面对临时的变故，也能很快找到相应的策略。他们为人深沉而内敛，有着比较成熟的思想，任何时候都显得胸有成竹。

6. 智力游戏

有的人喜欢在书本上、网络上玩一些智力测试，只要看到测试之类的游戏，他们就会停不下来。这类人的生活一般没有什么规律性，常常会将大量的时间、精力甚至财力浪费在毫无意义的事情之上。因此，这样的做法会使得他们看不到事情的轻重缓急，往往因为无关紧要的事情而耽误了极为重要的事情，所以他们在工作上效率极低。但是，即便是耽误了很多重要的事情，他们却不会因此而感到懊恼或者后悔；相反，他们还到处寻找各种理由来安慰自己。

爱说自己的好是希望被喜欢

让别人喜欢的人是幸福的，而每个人都希望被别人喜欢。在别人对我们一无所知时，我们要想让别人喜欢，就要给别人留下好的印象。这样，别人就会真正地喜欢我们。

李军有一个关系要好的同事杨明，他们经常在一起和其他的同事谈天。在谈天的时候，杨明经常会在无意间说出自己的优点，说他的学历多么高，多么热情，多么富有涵养，家境多么富有……一开始，同事们都会听得津津有味，但杨明千番百次地说着，同事们也就不感兴趣了。这时候，杨明又开始找新的话题，说他未来有多么美好的前程，他多么想让亲人都过上幸福的日子。

看着杨明总爱夸夸其谈，李军很不是滋味，对杨明说："你能不能在同事面前那么夸夸而谈，能不能谦虚一点？"杨明马上点头认可。但是，过了一段时间，杨明又滔滔不绝地夸夸其谈。

为什么杨明总爱夸夸其谈呢？李军想不明白，回到家里后问了他的爸爸。他的爸爸是一个很有资历的心理学医生，听了李军的疑惑后，爸爸笑呵呵地说："你的朋友喜欢在公众场合夸夸其谈，并不是他太虚荣，只是他渴望得到别人的喜欢罢了。试想想看，在那么多的人物当中，如果让别人意识到他是最优秀的，那么就会有很多人对他投来赞赏甚至喜欢的目光。"李军说："可是，他也不能总说自己的优点不说自己的缺点啊？"爸爸说："你没看到有很多名人、伟人或者明星吗，他们为什么总是让别人看到他们美好的一面？而他们的确是那么优秀没有缺点吗？要知道，每个人都会有缺点，让别人记住他们的优点，并不是因为他们自私或者虚荣，只是让别人记住他们的好、喜欢他们罢了。如果那些风光的人物暴露出了自己的劣行，喜欢他们的人就会越来越少，那不是他们想要的，所以他们要把美好的一面留给别人，不好的一面藏起来。"李军听后，略有所悟，说："哦，原来是这样，看来，杨明将来不是那种自私、虚荣的人，会成为大众喜欢的人。"爸爸笑着说："如果杨明是明星，那么他就会很受欢迎。所以，他现在让别人看到他的好，只不过是让别人喜欢他罢了。你千万不要认为他是在显摆，以免误解了他。"李军说："我明白了！"

从此，李军果然发现有越来越多的人喜欢杨明，而杨明并不是那种爱慕虚荣的人。

可见，爱说自己的好，并不是爱慕虚荣，而是在别人面前希望让别人知道他的好的一面，让别人对他产生好感。试想想看，谁愿意把自己的缺点暴露在外面而让别人讨厌？而那些说到自己好的人，他们并不是十全十美的人，也有缺点，然而，他们希望让别人记住他们的好，在别人心目中，他们就是优秀的人，就会让别人喜欢。

这一类的人并没有过多地攀比和虚荣心理，只不过是让别人喜欢他罢了。

每个人都渴望别人的喜欢，这是一种很正常的心理。在别人并不认识我们的时候，我们怎样让别人记住我们而对我们产生好感呢？当然，就是让别人记住我们的优点，记住我们突出的一面，只要我们在别人心中够优秀，别人就会喜欢我们了。

当然，夸夸而谈说自己的好，但也不能漫无边际地吹牛，以免让别人认为你不务实，不再相信你。而无论何种情况，既然说自己的好，就一定要有这方面的好，不然让别人发现是在谈着子虚乌有的事情，别人只会对自己嗤之以鼻，这样，明明原本是想让别人喜欢最后却招来别人的冷眼，何苦呢？那么，如何通过一个人的说话来判断他是否希望得到别人的喜欢或者别人是否会喜欢这个说自己好的人呢？

1. 说自己突出优势的人希望得到别人的喜欢

一个人说自己的优势，别人在这些方面并不比他突出，就会对他投来敬佩的目光。一个人之所以说出这些优势，不是为了压低别人，而是希望让别人看到他的闪光点喜欢他。

2. 不屑的听者对说话的人没有好感

如果一个人在滔滔不绝地说自己的好，而听者却不以为然，那么，这时候要明白了，听者可能是不相信这个说话的人，或者根本不认为这个人说的是优势。这样，说话的人就容易在听者心目中留下不好的印象，难免不会让听者喜欢。如果在说话的时候，看到听者表现出漠不关心的态度，说话的人或者转移话题，或者听听听者的意见，千万不可只顾发表自己的观点，以免让听者厌烦。

3. 总拿别人比较的人不会让别人喜欢

这类人总会借别人的缺点来表现自己的优点，自然不会让听者喜欢。更有甚者，听者会厌倦，不愿意继续听下去。而如果说话的人说到自己的不好和别人的好，固然难以让听者有好感，但别人也会敬佩他的勇气，说不定一段时间后就会油然地对他喜欢。但关键是，千万不要拿自己的优点数落别人的缺点，以免让人厌烦。

4. 聚精会神的听者对说话的人有好感

如果说话的人饶有兴致地说着，听话的人津津有味地听着，那么说明听话的人对这些话题很有兴趣，确切地说对说话的人产生了好感，要不，他不会聚精会神去听一个人讲话。只要他明白了别人的确有值得他学习的地方，他就会对别人崇敬有加，继而会喜欢这个人。

5. 听话时无所谓的人不一定对说话者有好感

如果说话的人说自己的好，听者表现出一副无所谓的态度，那么，可以得知，听者并不一定对说话者有好感。此时，说话的人要让听者知道他最好的一面，让听者发现他的"完美"。如果听者仍是无动于衷，表示听者不会喜欢说话者；如果听者产生了兴趣，那么，听者对说话的人便产生了好感，更有可能会喜欢说话的人和他的一切。

经常说"不过"的人在想什么

我们都知道，生活中的每个人在谈话时，都很可能会带上自己的口头禅，比如"说真的""真的吗"等，不同的口头禅背后可能隐藏着不同的心思。我们发现，一些人喜欢把"不过"挂在嘴边，那么，这类人是怎样想的呢？

心理专家称，这类人虽然有点任性，但是也反应了其温和的特点。他们说话时滴水不漏，即使发现自己说错了话，他们也能立即找出一个例外，很委婉，没有断然的意味。从事公共关系的人常有这类口头语，它的委婉意味不致令人有冷落感。

小陆是一个幸运儿，大学刚毕业第一次找工作，就被通知到一家大型外企面试。

这天，面试他的是公司的人事经理，当经理问到他期望的薪金是多少时，他的回答："8000吧，不过，我会认真考虑公司提供的薪水。"再问到为什么到现在还没有找到工作时，他的回答：
"我对工作是有要求的，不过我认为贵公司提供的这份工作是有挑
战性的……"一番话让这名经理对他十分满意，他心想，这肯定是
个知进退、懂得把握分寸的年轻人。

于是，小陆顺利进了这家公司，他拿着高工资，让周围的人
很羡慕。但这并不是偶然所得，他的确能力很突出。最重要的是，
他懂得在职场什么该说，什么不该说，什么该做，什么不该做。

有一天，小陆替办公室的一位大姐值班。当他正准备去资料
室拿资料时，看到经理和一位先生在楼道里说话，出于好奇，小
陆躲在门口听了他们的对话，小陆一惊，原来这位先生是经理的
丈夫，他们原来在商量离婚的事。当小陆正听着时，没想到经理
一回头看到了小陆，小陆赶紧走开了。

第二天，经理认为整个办公室都会传开自己离婚的事，但出
乎她的意料，小陆什么都没有说，只是给她发了条微信："张总，
加油，什么都难不倒你！"真是个贴心的年轻人，经理心想，看来
当初让他进公司是人事部正确的决定。

自打那次之后，经理对小陆更加信任了，还把他升为自己的
特别助理。

现实生活中，可能很少有年轻人能和故事中的小陆一样，能
守住领导的秘密。事实上，小陆的性格特征在他刚进公司的时候
就被看出来了。他以"不过"为口头禅，这类人通常温顺、柔和、
心思缜密，做人做事都留有余地。而且，这类人在日常生活中也
通常因为贴心、善解人意而拥有好的人缘。

其实，我们也应该力求把自己培养成为这样的人。就做事而

言，认真是任何人要做好一件事情的前提，如果对什么事情都敷衍了事，草草出兵，草草收兵，必然做不好；就做人而言，把话说得绝对，把事情做得太绝，也是自断退路。很多时候，给他人留有机会，也就是给自己拓展空间；而做人太嚣张、对他人"赶尽杀绝"，也无疑是断了自己的退路。

一次，楚王邀请群臣来喝酒。席间，为了助兴，楚王叫来了自己最宠爱的两位美人许姬和麦姬轮流向各位敬酒。

因为是在室外举办的宴会，所以，当一阵狂风吹来时，在场的所有灯笼和蜡烛都被吹灭了。此时，一个好色的官员趁机摸了许姬的玉手。许姬当然本能地甩了一下手，谁知道，她一不小心扯掉了这位官员的帽带，然后她匆匆回到座位上并在楚王耳边悄声说："刚才有人乘机调戏我，我扯断了他的帽带，楚王赶快叫人点起蜡烛来，看谁没有帽带，就知道是谁了。"

楚王听了，并没有责备那位官员，而是令人先不要立即点蜡烛，然后对在场的所有人说："我今天晚上一定要与各位一醉方休，来，大家都把帽子脱了痛快饮一场。"

有了楚王的命令，大家也只好脱了帽子，自然也就看不出是谁的帽带断了。后来楚王攻打郑国，有一健将独自率领几百人，为三军开路，斩将过关，直通郑国的首都，而此人就是当年揩许姬油的那一位。他因楚王施恩于他，而发誓毕生效忠于楚王。

"人非圣贤，孰能无过。"很多时候，我们都需要宽容，宽容不仅是给别人机会，更是为自己创造机会。俗话说得好，"物极必反""满招损，谦受益，时乃天道"。水缸装满了水，再往里面添水，就会往外溢，这就是物极必反。事物发展到了极端，必然朝着相反的方向发展。同样，生活中，我们为人不可太狂妄，更不能欺人太甚，以强凌弱，以"不过"的心态给别人留后路，给自己留退路，有时说"不过"者貌似软弱，实际上是胸怀宽广，不与之计较。

通过笔迹认清对方的真面目

在美国的洛杉矶发生了一起涉及金额巨大的支票诈骗案，犯罪嫌疑人通过伪造笔迹的方式获取了高达三亿美元的巨额钱款。在这起案子发生之后，这笔巨额钱款和犯罪嫌疑人一起消失了。究竟巨额钱款和犯罪嫌疑人去了哪里？

带着这样的疑问，FBI对钱款和犯罪嫌疑人的去向展开了全面而细致的调查。显然，这起案件充满了挑战性，由于犯罪嫌疑人没有留下任何体貌特征，因此调查的过程非常艰难。但是FBI的领导表示，破案时间要控制在一个月之内。

FBI首先对美国各大银行的支票单据进行了调查，希望从中得到一些有价值的信息，可是尽管他们进行了周密细致的调查，依然没有找到对破案有用的信息。但是FBI并没有失去信心，认为一定能够找到犯罪嫌疑人。有一部分人甚至认为犯罪嫌疑人会再次出现。

时间在一天天地过去，规定的破案天数很快就要到来了。这一天，FBI的工作人员如同往常一样蹲守在银行附近观察来往于这里的人们，这个时候一位头顶黑色帽子、眼戴蓝色墨镜、身穿深色大衣的男子进入工作人员的视野。

蹲守的工作人员发现这名黑衣男子有些可疑，他行色匆匆，迅速地走到银行柜台前办理取款业务。当银行业务员要求黑衣男子在取款人处签名时，他拿起笔慌乱地签上了一个名字。

工作人员发现这名黑衣男子在签字时手在发抖，他也察觉到了自己的异样，连忙用左手按住发抖的右手，并且笔迹非常潦草，丝毫不能辨别出这个人的姓名。

这些信息引起了FBI的注意，于是工作人员决定对这名男子进行跟踪调查。当他们跟随这名黑衣男子进入一家珠宝店后，发现这名黑衣男子把从银行取出来的钱全部买了价格昂贵的珠宝首饰。在签单的时候，他的笔迹仍然十分潦草。

FBI的工作人员认为，这名黑衣男子很有问题。于是他们决定把这名黑衣男子带回去进行审讯，审讯过程中黑衣男子很镇定，他矢口否认自己犯下了严重的罪案。

工作人员便拿出笔和纸，让黑衣男子写下自己的名字。黑衣男子似乎没有想到FBI会让他写自己的名字，他愣了一下之后，马上在纸上一笔一画地写出了自己的名字。工作人员发现这次黑衣男子在签字的时候，手并没有颤抖。这时，工作人员肯定此人必然有问题。于是，做进一步的审讯，黑衣男子的心理防线终于被攻破，他承认了自己就是支票诈骗案的主犯。

在这个案例当中，FBI的工作人员就是通过对笔迹的洞察成功地破获了支票诈骗案。由此可以看出，笔迹确实可以传递出一个人内心世界的变化情况。行为心理学家总结出不同笔迹传递出来的不同心理特征：

1. 用笔挥洒且字迹工整的人

这样的人通常有着非常好的创作天赋与灵感，通过这些天赋，他们能够很快实现自己的理想，如果他们投身于科研行业，那么很可能会成为有建树的科学家。虽然在科研的过程中会遭遇一些挫折，但这并不影响他们进取的决心，因为这样的人能够为了自己的事业献身。

通常这样的人有着孩子般纯真的理想和欲望，他们不会盲目地追求新奇事物，而会选择有意义的事物去追求。他们平常苦心经营着自己的事业，但工作之外还能在家庭中尽到自己该尽的义务。他们是有责任心的人，也是踏实务实的人。

由于踏实、懂得选择，他们不会对某件事情钻牛角尖，即使做错了事情，也会很快地回头，而不会踏入歧途。他们对艺术的追求是与生俱来的，但思维方式有些保守，对于非主流的文化一般很难接受。不过，他们很懂礼貌，尽管对非主流文化不是十分认可，但是他们不会直接表示不满，而是会采用沉默的方式来表达自己的不同意见。

2. 笔迹位置很小但字体很有力的人

这样的人往往有着比较宽大的包容心，但他们的包容不是无限的，如果超出能容忍的限度时，他们会爆发出内心的狂躁情绪。但是，这样的情况很少出现，因为他们有着理性的头脑。

当他们遭遇冲突时，大多数情况下都会选择用容忍的方式来解决。这在很多人看来似乎有些懦弱，但他们对这种看法并不在意，而是会继续保持自己容忍的态度。

实际上，在他们看似柔弱的外表背后是一颗强大的内心。因为他们认为只有能够容忍的人才能成为领袖，如果在追求成功的过程中失去了容忍的态度，那么不用多久，就会失去人们的支持、失去成功的机会。

3. 笔迹很有新意但字体无力的人

这样的人通常有着各种奇思妙想，并且自我观念强烈。他们喜欢用自己的想法去处理事情，但是，他们并不排斥外界的影响与压力，在工作中能忍受各种规章制度，并且能很快适应这些制度。事实上，他们对于环境的适应能力非常强，越是艰苦的工作环境，越能激励他们奋发图强，因此他们总是把艰苦的工作环境看作自己的工作动力，使自己在这些艰苦的工作环境中取得好成绩。

如果你发现有着这种笔迹的人还处在艰苦的工作环境中，那说明他们在等待时间，在为以后的发展打下良好的基础。但很可惜的是，他们似乎很少有成功者，因为他们只会适应环境，而没有能力和积极的心态去改变环境。

4. 笔迹整齐标准的人

这样的人通常都比较拘谨慎重，不善于和别人开玩笑，做事非常小心谨慎。无论是追求事业、创造财富，还是平日生活，他们总是保持一种非常谨慎的态度。

他们个性率直，喜欢把每件事情都做好，但是他们往往又没有耐心，一会儿去做这件事情，一会儿又去做那件事情，最终一件事情也没有做好。因此，常常虎头蛇尾、半途而废。但是，他们有应付突发事件的手段。当发生一件事情时，他们在第一时间内就会分析出其中的问题所在，并采取相应的方法来解决，这是他们走向成功的最重要素质。

这样的人通常会白手起家，他们无需别人的帮助也能快速致富，因为他们小心谨慎而善于应付突发事件。尽管他们有时候三心二意、缺乏耐心，但他们不会轻易被失败打倒。在追求成功的道路上，他们会勇敢地往前走，满怀信心地大踏步前进。

5. 笔画分明且字的间隔很小的人

这样的人往往有着善良的内心，他们相信世界是美好的，没有邪恶。他们渴望世界是和平的。由于他们的内心太过善良，有时候会出现错误的判断，他们会把那些内心邪恶的人当成是心地善良的人。因为他们无法正确地区分出好人与坏人，经常会吃亏。

这样的人通常有着敏感的艺术天赋，对于艺术的追求之心没有止境。他们会穿上在常人眼中看似怪异的服饰，对此他们不会感到害羞和紧张，因为他们会为了追求艺术而不顾一切。

他们追求生活品质，不崇尚豪华的家具，而更看重简约的生活理念。在他们看来，简约是他们最崇尚的生活态度，这种态度能促进他们的发展。

6. 喜用个性艺术字的人

这样的人签名时喜欢玩个性，在现实当中他们也喜欢追求一种特异迷人的打扮，以得到其他人的爱戴。他们热衷于打扮自己，并喜欢交朋友。他们不会把自己打扮得很妖艳，而倾向于淡妆。

但是他们说话却是一点都不清淡，而是十分喜欢唠叨。当然他们的唠叨主要是对熟悉的人，他们非常喜欢和朋友开玩笑，即使是在公共场所，他们也会大声地和朋友们喧闹。

他们的言行举止都是以自我为中心的，他们和别人交流时会不顾一切地打断别人的讲话，虽然其他人不容易接受这种行为，但好在这类人很有爱心，会乐于帮助别人，因此朋友并不会介意。

他们通常有着旺盛的精力和很强的上进心，希望通过自己的努力实现理想，对贫穷保持一种厌恶的态度。

打电话姿态显示其性格

我们正处于一个科技日新月异的时代，为了快速获取一些重要的信息，越来越快捷的沟通方式逐渐被人们所认可，现代化交通工具也层出不穷。其中，最快捷、使用率最频繁的就是电话。许多人认为打电话不过是最普通的事情，能看出什么端倪呢？其实，每个人打电话时的行为、动作都不一样，被烙上了深深的个性印记。在公司走廊或者办公室里，经常看见有人煲电话粥，如果你仔细观察，就能从他人打电话的姿态看出其性格。打电话，看似一件最普通不过的事情，其中却隐藏了一些秘密。另外，电话交流与面对面沟通大相径庭，人们逐渐养成了一些特定的行为与习惯。而这些行为或习惯正是一个人性格的反映，他们不经意间流露出的恰恰能体现他们的性格。

打电话的方式多种多样，下面就几种常见的方式，逐一剖析一个类群的性格特征。

1. 打电话时乱写乱画

有的人打电话时习惯信手拿一支笔在纸上乱写乱画，他们并不是胡乱写画，而是包含一定的东西。心理学家认为，虽然这样的行为看上去很随意，却显露了隐藏在其身上的艺术才华。这样的人有着丰富的想象力和艺术家的潜质。不过，在很多时候，由于他们的很多想法并不切合实际，因此，难以成为艺术家。虽然如此，天性乐观的他们也能坦然面对。

2. 打电话时喜欢四处走动

有的人打电话从来不会站在同一个地方，他们总是在办公室里走来走去，或者拿着电话来回踱步。心理学家分析认为，这样的人不喜欢刻板的工作，追求身心的自由和洒脱。如果有两份不一样的工作摆在他们面前，他们宁愿放弃高薪而体制化的工作。在他们看来，在一个相对自由的环境中才能好好工作，才能将自己的能力发挥到极致。他们有强烈的好奇心，无法面对单调枯燥的工作，那些新鲜的东西总能激起他们浓厚的兴趣。

3. 打电话时喜欢诉苦

有的人平时不怎么打电话，但一打电话就会向他人诉说自己的苦闷。心理学家表示，这样的人大多数在工作有了压力或者遇到了难题时就会躲到一个僻静的地方，打电话向朋友诉苦。他们个性比较乐观、坦率，心中有了事情就找人诉说，不喜欢藏着掖着。有时候，向朋友诉苦在他们看来也是解压的有效办法之一。

4. 打电话时喜欢拿着笔

有的人打电话时喜欢拿着笔，显得与众不同。心理学家分析，这样的人时刻处于一种紧张状态中，有时候，可能在忙碌中接听了电话而还没来得及放下手中的笔，不过，这恰恰显露出他急躁的个性。

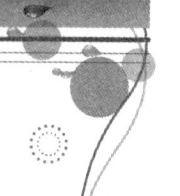

5. 打电话时喜欢煲电话粥

有的人一打电话就是几个小时，哪怕在工作的间隙，他们也能侃上半个小时。心理学家认为，这样的人时常感到忧郁和压抑，急切希望找个对象倾诉一下。他们喜欢争强好胜，打电话的时候，不管对方喜不喜欢听，总是没完没了，有一种不达目的不罢休的架势。

6. 打电话时没有任何习惯

有的人打电话时没有什么特殊的习惯，一切都是很自然的。心理学家表示，其实，这样的人并不是性格不明显或没有性格。他们有较强的自信心，对自己的生活与工作应付自如。他们树立了远大的志向，能够实现自己的梦想。他们天生善良，能够谅解他人，在他人有困难时也能大方给予帮助，是一类值得结交的朋友。

7. 打座机时喜欢玩弄电话线

有的人打座机时，双手总是不闲着，喜欢玩弄电话线。心理学家认为，这样的人喜欢幻想，对于生活和工作有着美好的憧憬。他们个性倔强，多愁善感，常常令身边的人小心翼翼。不过，使用这种方式打电话的大多是女性。

仔细观察身边人的习惯动作

在日常生活中，人们都会养成一些习惯性动作，而这些习惯性动作往往包含着一些特定的心理信息。通过对这些习惯性动作的解读，能够帮助我们破解一些谎言。

行为心理学家认为，一次动作并不能说明什么，而不断重复的某个动作则可能告诉我们，这是一种习惯。习惯性动作是值得研究的，它能说明一个人的性格。

如果你按字母顺序整理一次书籍，这并不能表示你是一个井井有条的人。如果你尝试做一道新菜式，也不能表示你是一个勇于创新的人。

但是，如果你经常重复这样做，则可以说明你的性格。例如你经常系统地放置书籍，并把它们放回该放的位置，还经常整理收藏的 CD，为电邮做个文件夹，把开瓶器放在指定的抽屉里……当这些动作成为一种习惯的时候，则说明你确实是一个井井有条的人。

我们一直都讲人们共同具备的一些动作表现，其实还有一种身体语言线索，它是一种专属于某一个体的相对比较独特的信号，这就是习惯性动作。

想要识别这些特异的习惯性动作，需要仔细观察自己周围人平日里的行为习惯，比如朋友、家人、同事和一直为你提供某些商品或服务的人，他们经常做的动作都是什么呢？当你与他们相处的时间越久，关注的时间越长，就越容易发现其中的信息。

你会发现父亲在悠闲地抽烟时跷腿、母亲手握电话的位置、朋友为难时摸下巴等习惯，当把这些习惯性的行为配合当时的情景时，你就能知道行为发出者此时的心境。

例如，当你发现十几岁的儿子在参加考试前有挠头或咬嘴唇的举动时，你应该知道他可能十分紧张或没有准备充分。毫无疑问，这样的举动会成为他缓解压力的招牌动作，以后你会一遍又一遍地看到他做这样的动作，因为过去的行为是将来的行为最好的预演。当有一天考试之前，儿子不做这个动作，则可能说明他对考试不在乎了。

我们关注周围人群的习惯性动作，实际上就是在找他们的行为特征，这样有利于我们更好地了解他们的性格与心理。

在心理学中，行为特征被称为"基线行为"，也就是常态行为，包括坐姿、手和脚放置的位置、姿势及面部表情、头的倾斜度，甚至包括他们放置自己物品的位置，如通常会把钱包放在哪里，这都是基线行为要关注与衡量的。

基线行为就好比是一把标尺，可以衡量出异常举动。当我们了解了对方的常态行为，确定了对方的基线行为，一旦对方的行为有什么异常，就能够很快地发现，从而进行分辨。

由于没有找到基线，很多父母直到孩子病得很严重，才意识到应带孩子去检查。当他们带孩子去见医生时，竭力地描述自己看到的情况，试图让医生了解孩子病前与病后的情况，但是由于没有标准的参照物，他们的描述总是派不上用场。

要知道，只有经常对日常的东西进行观察，我们才能认识和区别出不正常的东西。这就是建议大家多仔细观察身边人的习惯动作的原因所在。

心理学家通常都会有这样的习惯，为自己见到的每个人建立一个基线行为系统。即使只是一次与某人的偶然相遇，你也应该试着留意他在最初交流时的基线行为。因为，了解一个人的基线行为很重要，掌握了它，你就能知道对方对你的态度如何，什么时候是真正欢迎你，而什么时候是假装对你表示欢迎。

在一次大型的家庭聚会中，母亲带着一个8岁的小男孩迎接各位家庭成员的到来。按照以往，母亲站在小男孩旁边，教导孩子怎么去做。随着大门的打开，孩子大方地向每一个到来的家庭成员问好，然后和他们诚恳地拥抱。但是这样的举动进行到一半时就出现了停顿。小男孩面对吉姆叔叔的时候却呆住了，他站在那里一动也不动，脸上的表情僵硬，甚至没有向吉姆叔叔问好。

母亲小声问小男孩："怎么了?"同时将小男孩推向正在等待他的拥抱的吉姆叔叔。但是小男孩什么话也没说，他扭了扭身子，避开了母亲推他的动作。

小男孩的行为背离了他的基线行为。在这之前，小男孩总是很愉快地去拥抱各位家庭成员，为什么这次却出现这么大的反差呢?这应该引起母亲的注意。

或许小男孩感到了某种威胁，或者他认为有些不好的事情要发生了。显然他的害怕是有原因的。也许他和吉姆叔叔在上次见面时发生了不愉快的事情。但不管怎样，我们可以肯定背离基线行为的背后必定是有原因的。

行为心理学家认为，任何一个人的基线行为的变化总能说明

某些地方肯定出了差错，而在某些特殊情况下，这些变化是在警告我们要格外注意。

在日常生活中，对身边人进行基线行为的观察，除了要了解对方当下的状态之外，很多时候对于其个性的展现更需要留意。

行为心理学家发现，挤牙膏和刷牙的生活习惯能够反映人的一些性格特征。

有的人经常把牙膏盖弄得不知去向，并不是粗心大意，而是故意为之。这样的人通常有很强的进取心，还有一定的胆识和魄力。在面临比较重大的事情时，往往能够迎难而上、毫不退缩。

有的人使用牙膏时，习惯从牙膏尾部挤起。这样的人通常有比较丰富和细腻的感情，他们温柔随和，比较浪漫，多克制而少发怒，能体谅和宽容别人。但这样的人对于小辈通常会表现得过分溺爱。有的人把牙膏用到连牙膏管都卷了起来，这样的人多是具有勤俭美德的，轻易不肯浪费东西，一旦浪费了，心里就会感到特别不舒服。这样的人在生活中多是踏实、勤奋的。

有的人在刷牙时习惯于从牙膏管中间挤牙膏，这样的人追求快速、准确地达成目标。目光不太长远，他们对现在的关注程度要远远超过未来，可以算得上是一个及时行乐者。

有的人在使用牙膏时一次会挤出很多，这样的人通常大手大脚，在各方面一点也不懂得节俭。

有的人在使用牙膏时特别节省，这样的人在生活中知道节俭，但有些保守，中规中矩，显得死板、缺乏生机。除此以外，这种人多比较理智，不会有过激行为。

在刷牙的时候，有的人采取的是上下刷的方式，这样的人一般自主意识比较强，不喜欢受他人的限制与约束。生活的态度比较积极，即使遇到一些挫折和磨难，也能够以一种相对比较乐观的态度去面对。所以在他人看来，这样的人是能够给别人带来欢乐的，并且是值得依赖的。因此他们通常能够营造出比较和谐的人际关系。

习惯左右刷的人比较固执，而且行为表现比较叛逆，缺乏宽容心和忍耐力，经常会因一些小事而和别人闹得很不愉快。所以，这样的人若不多加注意将很难营造出相对良好的人际关系。他们之中有些人明知道这样的刷牙方式不科学，也不愿意改正过来。

当某一天，你发现身边的人改变了他们使用牙膏和刷牙方式的习惯，那么你可以寻找出促使他们做出改变的原因，或许从中你还会发现他们性格的转变和心理的变化。

通过阅读习惯窥探其个性

心理学家认为，读书不仅能增加一个人的知识和修养，还能在某种程度上反映一个人的性格和心理，比如阅读习惯。在生活中，基于每个人的不同个性，其阅读习惯也不一样。有的人拿到书就开始兴奋起来，不管自己是否感兴趣，从头看到尾；有的人则不一样，拿到了书和报纸，总是先翻看自己感兴趣的文章，然后再慢慢浏览那些不那么感兴趣的标题；还有的人买了书，扔在一边，总是隔了很久才翻出来看。

小乐喜欢买报纸，几乎天天买，要是哪天忘记了买报纸、阅读报纸，她就浑身不自在。而且，只要一拿到报纸，她就忘记了自己身在何处，必须先把报纸的各个版面的内容了解清楚，即使时间紧迫，老板马上安排工作，她也得先看了报纸再说。

或许是因为看的报纸比较多，她善于言辞，经常给同事们讲一些稀奇古怪的事情，若有人问："你这是从哪儿听来的？"她准会回答："看报纸呗，那还不简单。"她个性开朗，喜怒形于色，凡事喜欢凑个热闹，反应灵敏，办事积极周到，能适应各种环境。不过，她总喜欢按照自己的想法做事，听不进各类群人的意见，同事们都说她犟得像头牛。

小乐的阅读习惯是属于"兴奋型"，诸如此类的人一旦接触了阅读物，总是忘记了自己要干什么，一定要先把内容了解清楚才有精力去干其他的事情。他们常常一边拿着书，一边干其他事情，因为这样的阅读习惯没少被家里人说、被老板批评，但依然无法削弱他们对书的热情。这样的人性格开朗，活力四射，内心的情绪常常表现在脸上，喜欢热闹的地方，办事靠谱，喜欢追求新鲜的事物。

下面，心理学家简单地列举几种常见的阅读习惯，以此来剖析他人的内心。

1. 兴趣型

有的人拿到了书籍或报纸，会先看个大概，然后选择自己感兴趣的内容。在生活中，如果看到身边的人看自己感兴趣的书籍，他们也会夺过来阅读；不过，一旦发现并不是自己感兴趣的书籍，则会搁置一边，但偶尔会拿过来打发时间。

心理学家认为，这样的人大多性格外向，积极向上，有幽默感。他们不甘寂寞，常常约上几个朋友一起出去玩，忍受不了一个人待在家里的苦闷。他们善于交际，有较强的组织能力，有领导的天赋。不过，他们做事缺乏细致，常常敷衍了事，马马虎虎。

2. 慢慢享受型

有的人买来书和报纸后，总是把它们放在抽屉里或桌子上，他们想把手中的事情做完，然后在没有其他人打扰的情况下，仔细阅读，不错过每一篇，每一段，每句话，甚至每个标点符号。

心理学家表示，这样的人大多性格内向，沉默寡言，喜欢静静地享受一个人的世界，不善言辞，但能将心中的热情投入到实际工作中。他们有较强的自我约束力，做事认真，在工作中能独当一面，对交际应酬不感兴趣。

3. 随意型

有的人买书只是为了装饰，而不是为了阅读。通常情况下，他们兴致勃勃地买来书籍，随便往书架上一扔，等自己空闲了才拿出来看，把阅读当作解闷、消遣的途径。心理学家认为，这样的人性格大多比较内向，多愁善感，经常会被电视里的情节或书中的描述而感动落泪。由于内心不确定，使得他们常常陷入犹豫不决的情境。他们不善于交际，没有多少朋友，时常孤芳自赏。不过，他们的想象力比较丰富，能够考虑到他人的难处，为人憨厚老实，对于他人的请求从不拒绝。

第五章　百变姿态：
每个姿势都在传递着心理信息

心理学家认为，在日常生活中，人们会有各种各样的姿态，诸如睡觉、走路等行为，当我们看到这些信息时，该如何做出正确的解读，从而了解对方的内心世界呢？心理学家将为各位朋友一一揭秘。

准备动作暗含的秘密

主人在客厅里与客人闲谈，无聊的话题早已使客人厌倦。但出于礼貌，他又不能直接表示出自己的真实感受，只得依然笑着点头，好像还很感兴趣。此时，他的手抓紧扶手，身子坐在沙发的边缘上，这一切都是挺身站起、走向大门的准备。有的主人较为敏感，马上意识到自己的不当。意识到以后，他可能会在客人发现前换个题；或许他也可能想："这样也好，他也该走了。"那么这一行为就变成了刻意的强调，而强调的后果不是客人知趣的告辞就是主人失去耐心。

现在考一下你对准备动作的判断能力。当你在大街上行走时，对于迎面的来人，你是否能够轻易地错开身过去，有没有你躲他也躲，躲来躲去，竟像双方故意阻挡对方一样。如果没有上述情况，那就证明你的判断能力还可以。当人要转向时，会有些细小的前奏。其表现为眼睛撇开，身子调转，手伸向要走的方向。这些动作很轻微，而且速度很快。如果被及时发现，就会擦身而过，如果辨别能力差，就会晃来晃去，两人撞在一起。人们为了防止这一现象在车辆行驶中发生，发明了一些指示信号，如骑车拐弯要伸手示意、汽车拐弯要用车灯表示等等。

准备性动作在人们感情冲动时被表现得淋漓尽致。一个发怒中的人具有很强的攻击性，他的身势、动作都表明了他的冲动，紧握拳头、弯曲手臂，仿佛接着就是狠狠一击；眼睛瞪得很大，张大嘴大吼，企图威吓别人。

体育运动的准备动作中，以拳击为例，比赛开始双方就曲起双臂握紧拳头，身体左右摇晃地接近对手，但这些可能是假动作。运动员时常要做出一些假动作来迷惑对方，想从右面攻击，就得先把重心微微向左一倾，挥动左拳，对方向右侧一闪正好右拳出来。当然，真正的拳击比赛绝不像我们所说的这样简单，经验丰富的拳击手是不会那样轻易上当的。比赛时，他们精神高度紧张，每一个微微的进退动作都能造成对方的紧张。一切高级别的拳击比赛常常是假动作对假动作的比赛，分析比赛的慢镜头会有许多外行人难于看到的变化。

不过人们最欣赏的还是足球运动中的假动作。高水平的足球运动员的假动作做得相当逼真，他在奔跑中重心不断左右移动，身体的倾斜幅度很大，在一般的对手看来只能向一个方向去。但就在对手上当的一瞬，他已神奇地从另一侧逃过。衡量一个足球运动员技术的高低，识别假动作的能力和使用假动作的水平，是一条重要原则。

体育运动中也有不含假动作的准备动作。在短距离赛跑中，起跑前的准备占有很大分量。百米比赛中，起跑的一瞬几乎就影响了整个比赛的命运。听以，任何一个短跑运动员也不敢在此时掉以轻心。在关于跳的运动项目中，如跳高、跳水等，起跳前的准备动作也是重要的。跳远的要做短距离的加速助跑，起跳只是瞬间完成的。高台跳水运动员要先站在台边，然后向下一蹲，再猛地弹起……如果拍摄一张跳入水中之前的照片，运动员虽然是弯曲着身体，但含蓄的动势马上就要迸发出来。因此，体育运动的预备动作是很复杂微妙的。

人内心有了矛盾，准备动作就会反复出现，就如同一个议案提出被否定，再提出又被否定，反复多次就形成了一种有节奏的动作。

一个面对黑压压听众的讲演者其内心是矛盾的。他一方面在鼓励自己要镇定，要讲演出色；另一方面他又很害怕，面对那么多生疏的面孔心里很紧张。他的身体左右挪动，显得很不舒服，两脚也会有节奏地移动。这时要把他安置在一张转椅上，则可以看到转椅有规律地转动，用"如坐针毡"来形容是很恰当的。此时逃走的欲望会不断地侵扰着他，但他又拼命地压着拔腿就走的冲动。

生活中你会发现一个拘谨的客人、一个课堂上被提问的学生都会有以上这种表现。

这种情绪的动作的表现是倾斜、摇摆、四处张望、手足无措，通常是交替出现的，形成一种规律性的变化。一个实习的老师在给自己的学生讲课时，经常把目光投向门口或窗外，有时甚至把整个身体都转过去。当有同事告诉他，这样很容易使学生注意力分散，他便下决心改掉这种毛病。在下一次上课时，一开始他做得挺好，可讲到后来又开始张望。过了一会儿，他好像意识到自己又在犯这个毛病，张望的次数开始减少。但没过多久次数又有增加。在这当中，他的课一直没有停下来。当他意识到自己的行为的时候就努力克制自己；一旦注意力稍有转移，张望的动作又出现了。张望是他想要离开教室的逃避心理造成的，好像在反复对自己说："门就在那边，随时都可以出去。"他的每一次张望都是对这种心理的证实、安慰。后来他逐渐习惯了教师工作，不再有紧张的感觉，张望的动作也就逐渐消失了。

跃跃欲试的准备动作

许多准备性动作并不像我们刚才说的不被人所意识，因为有些准备性动作则是人们在强烈欲望的驱使下做出的反应，表现出的行为意图极为明显。一个饥饿难忍的人看到了甜美的食品，他会怎样呢？想必会把脖子伸得很长，眼睛放出异样的光芒，嘴巴张开，两手下意识地搓动着。在这明确意识的引导下，人的准备性动作恐怕儿童也能够理解。

双手叉腰，这个动作表现出来的行动欲望是很明显的。一个面对许多问题愁眉不展的领导者，在他深思熟虑后会解开衣扣，叉起腰来，其部下一看就知道，领导已经下决心了；一个儿童对着家长叉腰，就是该父母挠头的时候了；一个学生面对老师叉起了腰，则是一种挑衅的开始；儿童对儿童叉腰，接下来少不了一场"混战"。

叉腰的姿势并不是下一行动的简单预兆，它表现出人们对猎取目标的信心。对没有把握的事情，人们的动作会很谨慎。一个主持会场的人面对嘈杂的人群要行使他的职权，如果这位主持人成竹在胸，很有可能他会面向人群先来个叉腰的姿势。

叉腰同时又是竞争心理的体现。路边一位修车的小伙子一直蹲那里出汗，过了很久，可车还没修好。他站起身来，盯着车子，双手叉腰，歪着头喘粗气，那架势是要给车几脚。需要注意的是，几乎所有叉腰的人腿都是叉开的，不然就显得重心不稳了。

坐在椅子上，把手撑在腿上，是叉腰姿势的变形。如果坐下你还要叉腰，那一定会觉得挺别扭。手撑在腿上，同时身体重心前倾，会显得很自然。以桌子为屏障的人在采取行动之前，两手分开撑在桌边，表示他们的决心。如果你曾多次参加会议，你很可能明白，在会议桌前出现这种姿势的通常是在什么时间，是什么人物。在办公桌前，负责人可能身子挺直坐在那里，两手按在桌上。这是他发号施令的前兆，表明他对控制局面所显示出来的自信心与决心。此时此刻，如果你在跟前，就应该精力集中一点为妙。作为下级，可能也会出现这种姿势，但是最好克制一下。如果下级前倾着身子，把手撑在桌上，二目圆睁，与上司摆出剑拔弩张的架势，恐怕接下去就有节目好看了。双方不管是谁用双手按着桌子，都具有一定的攻击性。上级以桌子为屏障，显示了上级主人的权利，一副盛气凌人的派头。下级按住桌子时，则突破了上级的防线。这时将是上级紧张的时候，他可能将身子向后移，减轻被威胁的程度；也可能挺身而起，熄灭下级这种不恭的气焰。

也并不是所有手撑桌子的行为都火药味十足。一个思考全盘工作的经理也会撑桌子，但并不一定是决定什么。面前的桌子仿佛就是复杂的局面，一切都已摊开了，就看怎样思考和决定了。如果你遇到这种情况，看到有人摆这种姿势，眉头紧锁，凝神屏气的，那就不要去打搅他。

一群学生正谈论旅行计划，坐在另一桌的一位男同学表现出很大的兴致。他并不认识那些准备旅游的人，却将身体前倾，肘部按在桌子上，脚也跷起来了，眼睛瞪得浑圆，嘴巴张得很大。谈论旅行计划中的一个人无意中发现了他的行为。等到谈论结束，问他是否乐意参加旅行的行列，"刚才我就想……"男同学满面春风地回答。这位男同学表现得过于直露，而有些人则做得相当隐蔽。一些参加商业性谈判的人就比较注意自己的言行，他们认为，在条件尚未成熟之前，过早地把自己意图暴露给对方的人是幼稚可笑的。

另外还有一些情况，你的朋友在与你说话之前，一般都要向前凑一凑，尤其是有重要的话要与你说。凑到跟前，缩短之间的距离，好像是为了听得更清楚，实际上另有目的。对此，可能有以下三种情况：

①提醒你注意，人人都是有其特定空间的，当别人无端地凑上前来的时候就要引起觉醒。

②出于谈话安全的考虑，带有神秘的色彩。"张三昨天刚被扣了奖金，你看他今天那火气还没消呢。他来了……"说这番话时，两人的距离就可能很近。

③人在行使权力的时候会在行为上有所表露。如把头探进对方的领域中说："你去把那张桌子挪过来。"凑到跟前的同时，好像对其控制力也加强了。奇怪的是，在支配别人时，旁人看来会认为他们是在表示亲近。

摊开两掌，掌心向上，这种姿势在不同情况下会表示不同的意思。有表示坦诚的："你看我真的没骗你。"有表示无可奈何的："实在是没办法。"这种姿势用在乞丐身上，意思就更明显了。

我们在接受或需要某种东西时，做准备性动作同样预示着我们下一步的行动。"摩拳擦掌""跃跃欲试"，常被小说家用来描绘笔下的人物，因为这种姿势太形象了。一位观众在银幕上见过很多骑士驰骋的镜头，他很羡慕。如果恰好有一匹良骥就在他的面前，他会一面向马走去，一面搓手："这回可该过瘾了。"人们还常用"手心痒痒"来形容迫不可待的心情。一个牌迷看见别人围在一起打扑克时，肯定有这种感觉。搓过手后，他就要"加帮入伙"了。还有些人似乎觉得搓手仍不能尽意，干脆在手掌上吐一口唾沫。这本来是在抓东西时，吐点口水以增加摩擦力。但习惯一经养成，就不分场合了。与摩拳擦掌类似的动作，有的手会在腿上、身上或是毛巾上擦，这种情况通常是在手心有汗的时候才如此。

最后再介绍两种礼仪性的准备动作。张开双臂，面带笑容地走向对方，这是拥抱的前奏。西方一些外交家常用此类夸张的手法表示亲近。不能单把前奏看成是整体动作的一部分，它也有自己独特的内涵。走到跟前张开双臂与老远就张开双臂的效果不同，后者的准备动作就像特写镜头一样，把亲近的气氛推向高潮。同样是伸出双臂，但幅度小，位置低，由此可知是握手的准备。握手是世界通行的礼仪，所以加强准备动作，同样会给人愉快的感觉，无论是他来自东方或西方，人们都会这样认为的。

有客人向我们的座位走来，我们会依据客人的地位、与客人的关系来决定我们的反应。如果对方是德高望重的长者，离得很远时，我们就应起身相迎。如果对方是一般熟人，我们就站起向他点头示意。如果关系一般，略微欠身即可。恰当的举止，会给人留下良好的印象。

熟悉准备性动作，在社会交往中是必不可少的。有良好修养的人，在待人接物时之所以能应付自如、大方得体，原因之一就在于他们熟谙此道。

"站如松，坐如钟"传递的内在信息

行为举止是一个人自身修养在行为方面的反映，是映射个人涵养的镜子。中国古代非常重视礼仪，对人的姿态和举止提出过"站如松，坐如钟，行如风"的要求，这主要是从审美的角度来讲的。优雅的举止，可以使人看起来风度翩翩，修养很好，给人留下美好的印象；相反，则显得举止不雅，甚至失礼。在日常生活中，我们常常遇见这样的人：他们或是长相出众，或是身份不凡，但在举手投足间却表现得粗俗。这种人可谓"金玉其外，败絮其中"，更容易遭到人们的厌恶。

所以，在人际交往过程中，要想给人们留下美好而深刻的印象，外在美固然是一个方面，而高雅的谈吐、优雅的举止则能起到更大的作用。这就要求我们从举手投足的日常动作方面有意识地锻炼自己，养成优美的站、坐、行姿态，做到举止端庄、行为得体。

我们也常常发现，有时候喜欢某个人，并不是喜欢对方漂亮的外表，而是为对方那通体的气质而着迷。这也正应了那句话：人的真正魅力在于特有的气质。而气质美主要表现在言行举止上。举手投足、说话的表情、待人接物的分寸都在这个范围之内。初次见面，双方互相观察，如果能够立刻产生好的印象，那么这个好感除了来自言谈之外，就是气质方面潜移默化的结果。

人们都喜欢和尊重气质高雅的人，认为这样的人办事稳重，

有高度的自制力和责任感。因而，很多大公司都会委派这样的员工负责公关部的接待，用以树立和维护公司的好形象，赢得客户的信任与可持续合作。拥有优雅气质的人，在工作中业绩也往往比较突出。因为这种气质给人的感觉是踏实、不虚妄，容易让人信任。信任人和信任产品同样重要，客户在接受产品之前，首先要接受销售产品的人。

在举止礼仪方面，有一些常规的基本要求，了解一些是有益的。

1. "站如松"，即站姿要正、要直

人的正常站姿，其基本要求是头要正，颈要直，两眼应向前平视，嘴闭上，下颌微微收敛，双肩要保持水平，可以微向后张，挺胸收腹，上体保持自然挺拔，两臂则自然下垂，手指自然微屈，双腿自然挺直，脚尖处于张开状态，身体重心应穿过脊柱，最终落在双脚正中间。整个人形成一种优美挺拔、精神振奋的体态。在站立时，不可无精打采、东倒西歪或者勾肩搭背。懒洋洋地靠在墙上、桌边或其他物体上也是不礼貌的表现。站立着谈话时，两手可以配合谈话的内容适当打些手势。但在正式的场合，不应将手插在衣袋里或交叉放在胸前，更不要做小动作，如摆弄打火机、转钢笔、玩弄衣带、发稍，啃咬手指甲等。这样，不但显得小家子气，给人以缺乏自信和经验的不成熟的感觉，也失去了整体上的庄重感。

2. "坐如钟"，即坐姿要端正

人在身后没有依靠时的正式坐姿，应该是上身挺直并稍微向前倾，头宜摆放平正，两臂贴身而自然下垂，两手可以随意放在

腿侧，两腿的间距应与肩宽大致相等，双脚自然着地。背后有依靠时，在正式场合也不能随意地将头向后仰靠，显出很懈怠的样子。坐姿除了保持双腿自然摆放之外，背部也要挺直，看上去驼背一样的身形当然是不美的。如果座位两侧有扶手，也不要把两手都搭在扶手上，让人感觉老气横秋或者浑身无力，而应该从容自然、落落大方，才显得端庄优雅。

3. 走姿优美、雅观

要保持行走姿势的优美，走路时两只脚应该踩在一条直线，而不是两条平行线。女性走路的时候，如果两脚分别踩着左右两条直线，是非常不雅观的。另外，走路时，人的膝盖和脚腕都要富于弹性，两臂最好自然摆动，行走时应保持节奏感和整体的协调性，否则看起来会很不舒服。美观的走路姿势应该做到轻盈而稳当，胸部要挺，头宜抬起，双眼平视前方，步度和步位合乎标准。

4. 喜怒哀乐要深沉有度，不可放纵

每个人都会有喜怒哀乐等各种情绪，但在正式场合，个人的喜怒哀乐不仅代表自己的感受，还会影响他人的情绪，所以，要理性地加以控制，这也是为他人着想的表现。

5. 不可由体内发出各种声响

人们都不喜欢发自别人体内的声响，甚至很讨厌。比如咳嗽、打哈欠、打嗝儿、腹鸣等，这已是生活常识。因而，如果出现这种情况，最好的做法就是用手帕掩住口鼻或以其他方式减轻声响，并向身边坐在近处的人说声"对不起"来道歉。

古语有云："桃李不言，下自成蹊。"一个人如果举手投足之

间尽显迷人风采，那么他多半也具备高尚的品德情操和较好的审美品位，这些都能使他赢得更多人的喜爱，从而进一步积累更丰富的人脉资源。

内心矛盾时表现出来的信号

某人到朋友家去作客，他们久别重逢，因而倍感亲切，他觉得有说不完的话要讲。而主人刚好有事想出门，可见到客人那么热情又不好意思走开，只好对他的热情采取应酬的态度。此时如果注意看，这位主人可能会面带笑容，时时对朋友的言辞点头赞同，而他的两腿即已转向门的方向了。时间一长，不耐烦或焦虑情绪会使他两腿来回晃动。假如来人还在滔滔不绝地叙说，他又意识到时间不多了，就会下意识地看着手表。这是主人要逐客的最明显的信号了。看到此，一般人都会明白的。

在这里主人所表达的就是矛盾的信号，面带微笑不时点头表明他对谈话的赞同，而腿向门、看手表则表明他欲马上离开此地。面对同时出现的两种矛盾的信号，应该相信哪一种呢？哪一种是主人装出来的呢？待我们慢慢道来。

人在社会交往中往往会由于某些特殊的原因做出与自己愿望相悖之事。出于礼貌，他或许要对他不喜欢的人表示友善；出于某种目的，他可能要对并不赞同的事情做出肯定的表示，而在愤怒的时候却要表现出若无其事的样子。凡此种种，他会做出一系列矛盾的动作。下面，就按从最不能轻信到最可信的顺序列举几种动作。

1. 面部表情

人的面部是很容易受到意识支配的区域。人们在交往中，注意力除集中在语言上之外，对自己的面部表情控制得最为严格。人们常常需要面部做一些与心灵相反的表情。面部表情的欺骗是最普遍的。因此，在身体的一系列信号之中，面部表情是最不可靠的。然而，从面部表情中，人们仍可看出蛛丝马迹。

面部表情有明确的与不明确的之分。前者已经形成了定式，例如微笑、皱眉、眯眼等等，这些模式如同道具一样，可以随时以此掩饰一番，也可以再加些辅助性动作。后者则是变化多端的，很难完全把握。一些泄露隐私的表情虽然会悄然出现，但稍纵即逝。一个狡猾的罪犯在接受审讯时，常常会油嘴滑舌地进行狡辩。此时，如果警方突然亮出一个关键的罪证，面对这突如其来的打击，罪犯伪装的面部表情就会发生间隔性的变化：短暂的惊恐使其嘴巴微张、眼睛眨动、深深吸气等。老练的警察很可能从这里打开缺口，使罪犯就范。

2. 明确的手部活动

一些手势已经有了相当明确的意义。你如果伸直手臂，张开手掌连连摇动，对方就会明白他遭到了你的拒绝。当你抬起手臂，手掌向内招回，对方就会根据你的手势向你走来。在欧美一些国家中，食指与拇指圈成圆环，另外三个手指伸直就是"OK"的意思（表示赞同），而将食指与中指叉开伸直，则是表示胜利的"V"形手势（表示胜利，因为英文中"胜利"的第一个字母就是"V"）。一场球赛结束，胜利者往往打出"V"字手势以示庆祝。明确的手势意义比较固定。因此，它不是研究矛盾信号的依据。

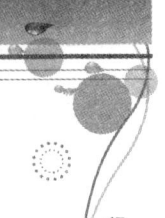
3. 不明确的手部动作

手是人们使用最广泛的部位，虽然经常使用它，但并没有加以严格的控制。比如说，交谈中的两人也许不会注意自己或对方的手部姿势，而把主要注意力都放在谈话的内容上了。

此时的手部动作，就是不明确的手部动作。当一个人心情紧张的时候，不管他讲的话多么轻松，可他的两只手却紧紧缠绞在一起；当一个人向亲人、密友敞开心灵的大门，希望得到理解和帮助的时候，这个人的两只手会下意识摊开；这时如果领导的手却攥成拳头，用力摇晃，那么这位仁兄难以太平了。所以，手部的下意识动作，往往是窥探内心活动的理想窗口。

4. 身体的信号

当一个人低头耷脑，履步疲塌地走路，我们肯定会认为这个人精神萎靡；当看到正在操练的人民解放军那挺胸、昂首、干净利落的步态时，我们就会不禁地赞叹："嘿，真威风!"这两种判断均来自我们对身体信号的判断。身体信号一般比较可靠，它反映了一个人周身肌肉的紧张程度。一个精神萎靡的人，浑身肌肉肯定松懈，所以，他就很难做出振奋的姿态。

5. 腿和脚的信号

腿和脚远离人的指挥中心（脑部），比手臂更不容易控制。当人的全部精力集中在身体的上半部时，下半部的防守漏洞也就出现了。一般在观察他人时，人们通常把注意力放在眼睛和脸上，很少注意下现活动着的腿与脚。实际上，腿和脚则是人最难控制的部分，也就很容易泄露内心的秘密。例如：一个人在倾听领导的讲话时，他表面上对领导的讲话十分感兴趣，因而，容易控制的上半身就前倾，面部表情专一而诚恳，还不时点头称是。而实际上，他对领导过于冗长、拉杂的谈话早已不耐烦了，但不能表露出来。这时，他尽管把自己的真情隐藏起来，让人从上半身看不出漏洞，但他的脚却无法掩饰。他的腿会不停地来回晃动，双脚也在上下不停拍打地面。一些人表面做出友善的动作，可他的脚拇指会突然竖起。这个动作说明了他的友善是伪装的，他的真正情绪恐怕是含有敌意的。还有有些人神色轻松，言行自然，但他的双腿却紧叠在一起或是来回晃动。对此，我们可以断定，他的轻松是为了掩人耳目，他真正的意图则是想尽快离开。

无意识信号是在所有身体信号中最可信赖的，因为这些信号并不受人的意识控制。当一位女士第一次去见男朋友时，他可能会脸红。尽管她知道自己脸红了，却又无法改变它。谁也不能做到让脸红脸就红，让脸白脸就白。所以，无意识的信号是研究心境的第一手材料。也有人利用这些信号进行欺骗，比如他可以装出喘粗气或呼吸不畅。但是，单单的喘气是无法说明问题的。他还必须装出其他的动作才能表达那些假内容，可是毕竟该照顾的面太多，所以总能有渠道来探察出他的伪装。呼吸的无意识信号还是很可信赖的。也许有人会说：出色的演员不是同样能表演（伪装）出泪流满面的情景吗？我们知道，好演员能在需要的时候演出真正的情感来，但这不是装出来的，而是呼唤出来的。演员先要培养、酝酿情绪，感情一经达到高潮，无意识信号才会随之出现，如抽咽、落泪。

虽然无意识信号可以为我们提供分辨矛盾信号中的真伪。但是，无意识信号在通常的时候是不会出现的，只有在感情冲动时才表露得十分明显。所以，我们在分析一个人的真实感情时，必须同时综合我们介绍过的几种信号一起分析，才能得出正确的判断。

此外，我们除了要进行综合分析外，还有三项基本原则应该遵循：

第一，离面部越远的信号，就越可信；

第二，下意识流露出来的信号最可信；

第三，意义不明确或是让人无法立即指出来的信号，可信程度高。

掌握了这三个原则，我们分辨真伪的正确性就大多了。如：一个人因羞涩而低下头，同时眼睛又四下观望。这时，我们就可以断定，他的羞涩是假的。低下头来谁都可以伪装，而四下观望则告诉我们：他低头只是一种做作的姿态。

最后，我们还要明确这两个概念。"相互矛盾的信号"是指一个人身上出现两种矛盾的信号，其中一种肯定是假的。而"相互冲突的信号"，则是一个人真实心境的体现。我们常说的"想吃热饺子又怕烫"，就属于此类冲突心理。

妥协是一种自我保护的手段

曾经有这样一个故事，抗日战争期间，八路军敌后武工队发现，麻五是鬼子的暗探，于是就泄露假情报给他，武工队最后因此而打了个伏击战，一下就消灭了一个小队的鬼子。鬼子小队长回到据点找到麻五，对其大发雷霆。麻五先是满脸堆笑地说："太君，胜败兵家常事，小小失误不算什么，几个土八路跳不出如来佛的手心。"鬼子小队长大怒，抽出指挥刀说："你的八路的奸细！"麻五眼一花，腿一软，扑通跪倒，又是擦鼻子又是抹眼泪，急忙分辩。鬼子小队长不听，手握指挥刀步步逼近。麻五早已瘫软在地，瑟瑟抖动，同时手捂着头在地上缩成一团……

从这个故事中我们可以看到，类似麻五这样的人在强敌来临自己有生命危险时所采取的几种手段。首先是巧舌献媚，用以软化和取悦敌人。不行则屈膝下跪，哀求对方。此时麻五的用意是尽量做得软弱，下跪是弱化、降低自己，哀求哭泣是表示自己不堪一击。给鬼子一种你打我也不过如此的感觉，何苦你再费事呢。最后一切都无济于事，鬼子持刀步步逼近、生死悬于一发。麻五本能地做出了消极防卫动作，蜷缩在地上，护住身体的要害部位，捂头、蜷缩身体。

妥协是人的一种自卫手段。当人突遭敌袭时，可以采取的办法是反击。这是最体面而有效的手段，如果反击成功，不但维护了自己不受侵犯，而且会将敌人击倒或击退，维持了自己的尊严，反之如果反击失败，下场就会很惨。若发现自己不是对方的对手，就可以转身逃跑，确保自己无虞。"三十六计，走为上策"。可见，"走"（逃之夭夭）是最安全的办法。反击对手就有可能遭到对手伤害，而逃之夭夭了则避免这种可能性。

逃不掉对方的紧追就只有躲藏。这是避免与强敌相遇的有效办法。你找不到我，又怎么伤害我呢？如果躲藏不及而又有第三者在场，就要求助于人了，或是联合抗敌，或是掩护自己。最后，在走投无路的情况下，想要保全自己的唯一方法就是采取妥协。

妥协有两种：一种是真正的妥协——投降，完全顺服敌手，听任敌手的指使；另一种是假妥协，先保护住自己，将来一有机会再采取行动。所谓留得青山在，不怕没柴烧。三国中，关羽降曹，身在曹营心在汉，一听到刘备的消息，当即过五关，斩六将，回奔汉营，共抗曹操。

人只有到了"山穷水尽"的地步才妥协。妥协的目的就是给对方以错觉：我不是敌手，你不必再进行攻击了。其方法就是关闭身上所有的攻击信号，把稍有不满不服的意念深深地隐藏起来，平日高昂惯了的头垂下了，威严的目光变柔顺了，手、脚、臂、腿都忽然间绵软无力，显现出来的是一副不堪一击的狼狈相。狼狈相也有很多种形式：

①弓腰塌骨、无精打采；

②将身体缩起来，尽力缩小自己的形象；

③最狼狈的就是倒地上，缩成一团，泣泪涟涟了。

在大街上，如果我们碰上一个趾高气扬、挺胸叠肚的人，会下意识地生出一种畏惧之情。如果遇上一个垂头丧气、腿脚无力、说话点头哈腰的人，内心则会升起怜悯感。对生活充满信心、勇于进取、敢于开拓、热爱生活的人，言谈举止也会是朝气蓬勃的。那种弯腰驼背的姿势也不是一朝一夕形成的，那是久经生活挫折，无力应对生活挑战，办事唯恐疏漏的软弱者才具有的。这种姿势会影响人的生活，妨碍人的正常工作。

妥协的要素是要做出自己比对方"小"的姿态。那么，"大"和"小"又怎样来解释呢？我们有许多种关于人的"大""小"的说法，如"这位是个大人物""他是无耻的小人""那是个讨人喜欢的大个子"……以上的种种说法，有的是指身材大小而言，有的则与身材无关。从抽象的角度来看，人们的习惯是用"大"来说明"好"，而用"小"来说明"坏"。我国古时对官吏尊称为"大人"，而对品德低劣的人称为"小人"。美国人最近做了一次统计，发现了一个奇怪现象：主教的平均身高要比教师高，大学校长的平均身高要比学院院长高，业务经理的平均身高要比推销员高。所以一般人看来让身材高大的人做自己的上级才合适，而一个身材矮小的人充任自己的上级时，起初会有一点不适的感觉。这种感觉可能随着他的成绩好坏而变得或淡化或浓烈。如果他把一切都搞得那么糟，你就会说："一开始我就看你别扭，你干不出什么好事来。"而如果其成绩卓著，你就会多几分崇敬。一个年轻力壮、身体健康的人爬到长城顶上，没有倦意，精神焕发，你会觉得理所应当，至多夸奖两句："还是年轻，身体好哇。"而当一个挂拐杖的病人爬到长城顶端的时候，你会是什么心情呢："了不起，真了不起！简直是奇迹。"你内心的尊敬的心情则一下子浓上几倍。拿破仑就属于此例。不仅他的卓越政绩和武功为世人景仰，而且他还因其身材不高而比一般人多得到几分崇敬。可见，身材高大在社会生活中有优势，但身材矮小未必就是劣势。

社会交往中，妥协是一种自我保护，可以让我们更好地生存下去。

一位青年骑自行车不慎将一位老人撞倒，他立即下了车，走到已经站起来的老人身边（这一点很重要，如果仍旧坐在车上，会表露出一种对抗情绪），他先关切地询问，表示愿意送老人去医院就医，然后再诉说自己的苦衷，例如上班要迟到、车闸又不灵等等。这一切都是在表示自己的软弱，减少老人对他的责怪欲望。

如果得到了老人的原谅，便说些好话："我还真有福气，幸亏碰上了您这样通情达理的老大爷。下回我就是往电线杆子上撞，也不敢撞人了。"此时，老人的一腔怒气早已烟消云散了，甚至会说："小伙子，我没事，你赶紧上班吧，别迟到。"

适当的让步与妥协可以适用于你的父母、子女、亲朋、好友、同事、上级、恋人种种人的身上。在种种矛盾中，做出适当的让步，不但会减少生活或工作的阻力，还会帮助你前进。

如何辨别威胁的姿势

人们之间有时会发生冲突。在未形成真正的对抗之前，往往会以威吓的手段使对方屈从。《孙子兵法》上讲："不战而屈人之兵，善之善者也。"如果发生战斗，无论是攻击或被攻击的一方，都有危险。因此，威胁是比较理想的，也是经常采取的手段。

在动物界，威胁的方式也很多。其中，肢体的展示，是人类无法比拟的。如好斗的公鸡，能使自己脖子上的羽毛全部炸起，怒气冲冲，十分英武。与之相比，人就显得技穷了。所谓"怒发冲冠"，就是艺术的夸张。实际上，我们的头发无论如何都是不能"冲"的。法国人有一种威胁的姿势，即用手背不住地擦脸颊。这个行为的发出者若是个"大胡子"，表示的意思就很明确了。胡子雄纠纠地挺出，和对方对立。在人们的眼中，男子的胡子是力量的象征。另外有一些民族，他们在发怒时，就鼓起腮帮子，舌头发出"斥斥"的响动。

人们还常常将腰杆挺得笔直，挺胸收腹，再加上高高昂起的头颅，仿佛自己一下高大了许多。如果再有一身粗厚的皮毛，模样就非常吓人。但人们毕竟缺少动物的利器，没有粗厚的皮毛，所以只能用声音威慑对方。人类的威胁与动物相比，就显得软弱多了。人类想了很多方法来弥补自己的不足，因此，人类的威胁行为也就变得丰富多彩、花样翻新。下面我们就分两部分向大家介绍，一是个人之间的威胁，二是团体之间的威胁。

个人间的威胁比较简单。这种威胁通常是预先模拟进行攻击，但不触及身体，只表明攻击对方的意图。这样的威胁方法可分为三类：

1. 停在半路的攻击

这种威胁主要表明攻击对方的目的，只做一半就停住手，若将整个动作全部完成就成了真正的攻击。比如举起手来，或高举起拳头猛地打下去。但上述动作，都只行进在半途就止住了。在电影《阿 Q 正传》中，阿 Q 骂假洋鬼子，假洋鬼子只把文明棍悬在半空，阿 Q 就仓惶逃走了。这种举棍欲击而未击的动作，就是属于停在半路的攻击，所不同的是假洋鬼子多了一条棍子。

此外，腿、脚等其他可以攻击对手的部位都可以进行这种威胁。猛然间抬起一只脚，对方就会感到可能要挨上一脚。

2. 做完攻击性的动作

这种威胁不是停在中途上，而是进行完毕，但并不触及对方。未触及对方的表现就是离对方有一段距离，如站在不远处不停地挥舞拳头做攻击的动作。意大利人则喜欢在老远做出用手砍或是拧的样子，这种做法很夸张。在种种威胁手段中，最特殊的是将食指竖起不断摇动，食指代表的是小刀，指向对方反复向上挑动攻击性就非常明显了。

还有一种也是属于假攻击，但是有目标的，比如猛地踢椅子一脚或拍打桌子，仿佛下一步挨打的对象就是对方了。有很多武打影视剧里就有这种情节，一个武林高手一掌劈断石碑以示警告。这种攻击他物的威胁和泄怒时攻击他物很相似，都是攻击不相干的东西。这两者也有不同，假攻击有明显的针对性，而泄怒或有针对性或没有针对性。泄怒是旨在于平息内心的不平而做出的攻击性动作。现在日本、美国的一些企业就专门设置一种房间，房间里面有企业或公司领导的橡胶塑像，旁边放置了木棒。如果员工对哪个上司不满，就可以钻进小屋给那位上司一顿木棒。而威胁则不同，他的一切动作是做给对方看的，意在震服对方，打消对方的气势。

3. 真正的攻击，触及自己的身体

用食指在自己的脖子间划动；自己咬自己的指头；自己掐自己的脖子。这些威胁的信号一般都和面部表情相配合。自己划自己的脖子时，眉头紧锁，嘴角绷直，样子十分痛苦；自己掐自己的脖子时，摇晃头部，身子僵直，呼吸沉重；自己咬自己的手指时，龇牙咧嘴，头部向前，下一个倒霉的就该是对手了。还有一种虽然是自己触及自己的身体，但与上述动作不同。上组行为多是把自己受攻击的部位当成对方的。这一种则不是，如用力擂自己的胸膛。这里不是将胸膛当作别人的，而是让对手见识自己结实有力的胸肌中所蕴藏的力量。其中最有说服力的例子，就是雨果的名著《悲惨世界》中的一个情节。一群强盗想要冉阿让交出

钱来，冉阿让猛地挣脱绑绳，抄起一根红通条，捋起袖管，将通红的通条放在自己的胳膊上。在阵阵青烟和难闻的焦臭味中，冉阿让不动声色，强盗们则呆若木鸡。像这样的例子，大概只能在艺术表演中见到了。

个人与个人之间的冲突毕竟很小，威胁的手段也很有限，而团体间的威胁却是无奇不有。威胁的行为取决于对立的程度，其手段可以分作两类：一种是展示力量；一种是展示结果。

展示力量的威胁与展示结果的威胁相比，要温和得多。非正式的场合一般为游行示威，把自己阵营的人都集中起来，打出标语旗号，呼喊口号，列队而行。除了游行示威外，盛大的阅兵式、军事演习、公开报道武器试验成功等等，也都是展示了力量的威胁行为。

1984 年 10 月 1 日，我国在天安门举行了盛大的阅兵式。一队队威武雄壮的官兵，踏着整齐的步伐通过检阅台；一辆辆崭新的战车隆隆地开过长安街；一架架矫健的雄鹰划过天空，我们向全世界展示了我们保卫世界和平、维护民族独立、完成祖国统一的雄心和力量。这不仅是军威的展示，也是国力、民力的体现。1964 年 10 月我国成功地爆炸了一颗原子弹，打破了两个超级大国的核垄断，显示了我国的核力量。

展示后果的威胁实际已构成了攻击行为。但这种攻击一般只是局部的、短时的，它的目的不是要消灭对方，而是要威吓对方，使对方屈服。展示后果的威胁有很多种，诸如罢工、展示敌人的尸首。罢工是工人阶级和资本家展开斗争的一个重要手段。它的目的并不是永久性的停工、停产，而是把斗争的结果展示给资本家。如果资本家一日不答应工人的条件，就一日不复工。一天一天的严重经济损失会使资本家焦头烂额，穷于应付。

局部的打击也是我们所熟悉的一种威胁方式。我们通常所说的"杀一儆百"就是这个意思。其中最残忍的就数展示敌人的尸首了。然而，这种惨无人道的威胁手段只有在古代才会出现。古希腊著名的《荷马史诗》中记载：希腊人在攻打特洛伊城时，阿喀琉斯的朋友在抵抗特洛伊人的战斗中牺牲。阿喀琉斯非常悲痛，他愤然参战，杀死了仇人赫克托耳，然后拖其尸体在特洛伊城外奔驰。

但是，由于人类的进步，人们爱好和平的心愿与日俱增，人们尽量减少彼此间的暴力与冲突。你不妨做个统计：把你一生中伤害他人肢体的次数总计一下，再把这个数字和与人口角的次数相比，你会发现，前者的次数相当的少，多数情况只是虚张声势，"动口不动手"。

五花八门的侮辱信号

人类的侮辱信号真是五花八门，是动物们无法比拟的。这里说的是人类较为具体的侮辱信号，对于诸如漫骂、触及刑律的诽谤等等暂且不论。

任何不合时宜的动作都有可能成为侮辱他人的信号。你不用开口，对方就能从你的行为中体会出你对他的侮辱。我们这里只介绍几种较为明显的侮辱信号或是拒绝要挟的信号。目的是了解它们，而不是使用它们。了解它们可以明辨别人的敌对态度。不使用它们并不是说明你软弱可欺，而恰恰反映了你的良好修养。

除了少数通用的信号（如冷笑、歪嘴斜脸）以外，大多数的信号都带有地方性。阿拉伯人有种手势是将一只手的五根手指与另一只手的一根手指搭在一处。一个从未到过此地或对此地的风俗毫不了解的外国游客怎么也猜不出其中的意思，甚至感受不到这里面含有的敌意。这其实是一种骂人的手势。由此可见，了解一种侮辱人的信号从某些方面讲还是有益处的，最起码你可以知道你正在遭受侮辱，不至于被人辱骂了还浑然不觉地开怀大笑。

警察懂得很多犯罪的方法，并不断地学习。他们的目的绝不是去犯罪，而是了解犯罪过程，打击犯罪分子。我们应持的也应是这种态度。下面本书就把几种不同的侮辱信号介绍给大家。

1. 不予理睬

它几乎不构成什么严重侮辱，却是侮辱的开端。一个人要表现对对方的敌意，就首先摆出一副爱搭不理的架势。若是不能奏效，就要逐步升级，直至最后攻击对方。这种方法似乎很温和，但火药味却很浓，所以也是我们情绪不易控制的。爱理不理或干脆不予理睬的形式很多。如：交谈时经常走神，嘻嘻哈哈，胡乱应付，或者东张西望，或者中途打断对方的讲话，与他讲一些不相干的话。对方很快就能反应到，自己是不受欢迎的。最严重的是干脆打断对方的话题，直接表示自己的厌倦。拒绝握手是很让对方下不了台的侮辱方式。

社交场合中，常常见到一张张笑容满面的脸。如果在这样的场合你与你的对手眼神冷不丁地相遇，你很可能还会给他一个笑脸。但你这笑脸必定是经过"加工"的。不管是有意的也好，无意的也罢，你已经不动声色地触怒了对方。这种掩饰在笑的后面的侮辱，对任何人来说都是非常讨厌的。这种笑的模式通常表现为皮笑肉不笑。它和真正的微笑有点相似。但是嘴角向后扯，颇像不屑的撇嘴；再加上不怀好意的眼神，讽刺侮辱的味道就显而易见了。还有一种笑，称之诡笑。这种笑使微笑的本质丧失殆尽，加上令人倒胃的酸意和醋意，表情更加令人厌恶。它比直接的侮辱更有心计，会让人感到这笑里面隐藏着很多阴谋。

2. 喝倒彩、鼓倒掌

演员在台上表演失手，台下却一片掌声，这很叫人难堪。这种讥讽与侮辱的方式因地而异。在一些阿拉伯和西班牙语系的国家中，表示讽刺和侮辱时，不用整个巴掌拍击，而是用两个大拇指的指甲互相敲击。有趣的是，巴拿马也有这种鼓掌的方法，但意义上却截然相反。那是静止的鼓掌，没有丝毫轻视和讽刺的意思。在俄国，最高的恭维方式，不是两手对拍，而是上下拍。如果你不分场合地将这种恭维方式带到英国或其他国家，那可就坏了。在英国上下拍掌，又恰恰成了讥笑他人的一种方式。

3. 厌烦

在人们面前表示这种情绪，也是一种温和的侮辱。它向别人传达了一种信息：你的出现或你的行动让我很不舒服。这种侮辱人的表示容易在精神疲倦时无意地做出，比如打哈欠。正在交谈中，一方不感兴趣时，就可能来一个伸腰张嘴的动作；或者眼睛无神，张望窗外。紧接着，就可能是看看手表，双脚无节奏地敲着地板等等。其中每一个动作都有其特定的内容。打哈欠是说你使他厌倦；望窗外是想让你赶紧离开他的房间；双脚无节奏地敲地板，则是说："为什么你还不走？你已经在打搅我了。"看手表的意思是最明显不过了，那就是哑语——逐客令。

4. 居高临下

不管人们承认与否，现实社会中，确实存在着等级观念。对地位较高的人来说，他得到的是恭敬；而地位较低的人受到不礼遇的次数要比前者多。所以，侮辱他人时摆出一副"我比你地位高"的姿态，也是很可怕的。这种姿势通常是将头部昂起，两眼微闭，一派高高在上的架势。这是把自己身份夸张地抬高。地位高的人总是昂首挺胸，步态潇洒。但另一种畏畏缩缩，胆小怕事的人则与此相反。因此，故意做出地位高的姿态来表明彼此之间的差距，就成了侮辱他人的一种方式。即使自己的地位要比对方低，一时的冲动，也会使你毫无克制地摆出架子。你如果因故一改往日谦逊的形象，对着平日趾高气扬的上司大发雷霆，挥动着拳头，唾沫横飞地漫骂，用力跺脚……那就会造成一种气势，像冲击波一样猛烈地撞击着你的上司。这种地位上的反差，让双方都很不习惯。

居高临下地对待别人是不文明的。但在特定的场合，即使是修养较好的人，也会偶尔为之。但是，有另一种人则以这种方式攻击别人的行为为快事。这种人虽不很多，但也不鲜见。其中以女性居多。在服务业中可以见到这种人。他们的表现往往是对顾客爱理不理，冷眼相待，甚至冷嘲热讽。这种恶劣的情绪侵害了每一个与之交往的人。而这些受害者中，又有一些会把怨气发泄到别人身上，因而构成情绪的污染。

5. 故意做出痛苦的样子

有时极端厌恶某人或某事时，一些人会间接表示出"你真叫

我恶心"，温和一些的说法是"你真叫我没办法"。表示恶心时，一些人会一手掩口，头转向一边，并辅之以面部表情，给人一种苦不堪言的感觉。表示"你真叫我没办法"的方法是，单手抵住太阳穴等，有的干脆扭曲五官。表达这种方式的，一般是长者对调皮的孩子或老师对不爱学习的学生而用的。因为孩子的顽皮常使他们很难堪，不想严厉地处罚他们，又不愿放纵孩子。处于这种进退维谷的境地的师长们常做出这些夸张的动作：用拳击拍自己的头，两手捂住自己的脸。这些动作是在表明他们处境的艰难。

6. 拒绝

它不像表示不感兴趣那样轻描淡写，也不像当面训斥那样过于严厉。它只表示出不愿合作的情绪。其中也有婉言谢绝与严词拒绝之分。前者常常借故离开，表示拒绝；后者则是当场表示不同意，使对方感到很窘。拒绝的方式也有两种，一种是"你走开！"我们常常伸出手臂，做出推人的姿势来表示拒绝（但又不接触到对方身体）。还有一种是用头部示意，即用下巴由低抬起，嘴里有时还会发出"去去去"的声音。这种轰人的方法有居高临下的派头。最令人难以接受的是甩手，像是在轰苍蝇。被拒绝的人承受着双重侮辱：既被拒绝，又被当作令人生厌的苍蝇。你来了我就走；你进了屋我却把头转向一边，甚至让后背冲着你，也是拒绝人，侮辱人的举动。最后我们讲一讲特殊的拒绝方式：吐舌头。这是美国人爱采用的。但很多人却不知其来源。其实这是人类通用的拒绝方式。为什么这样说？因为它是婴儿最常用的拒绝方式。婴儿在不想吃奶时，就会吐舌头。

7. 嘲笑

说到笑，大概动物都会。但动物是不会嘲笑的。嘲笑属于笑的一种。人为什么要笑？溯本求源，婴儿的第一次笑是在母亲的怀抱中产生的。当母亲抱着婴儿轻轻晃动，或爱抚地逗要他时，他才会笑。这包含了两个因素：一是安全感；二是怪诞感。任何事物如果超出常规就怪，就可能成为笑料。如方才说过的地位低的人反以居高临下的姿态去攻击他人，就是一例。嘲笑有时比真正的敌意还要令人难以忍受。因为真正的敌意起码使对方不敢过于轻视，而嘲笑则是把对方作为敌手的权力都剥夺了。所以嘲笑是侮辱别人的常用做法。而这种做法也最容易激起被嘲笑者的反击。《智取威虎山》中有这样一个场面：栾平跑回威虎山并要拿联络图作进见礼，众土匪哄堂大笑。有的土匪为了掩饰这种笑，用手遮住口，弯腰弓背，好像要把笑藏起来一样；还有的土匪与同伴挤眉弄眼，但这很容易被被嘲笑者看见。

8. 象征性侮辱

在几种侮辱信号中，就属此类侮辱信号最为丰富。随着人类文明的不断发展，攻击、漫骂的现象不但未减少反而愈演愈烈，花样不断翻新。象征性的侮辱有两种表现形式：一种是用某种动作表示身体出了毛病或不舒服；另一种是把人比作动物。尽管人类是在动物群中演化而来，但人们依然认为动物都是愚笨、肮脏的。一旦被骂为"畜牲"，谁都会认为受到了莫大的侮辱，因此也决不会轻易善罢甘休的。

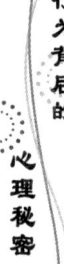

睡姿出卖了你

我们每个人在经历了一天的工作和生活后，都会感到疲劳，此时，睡眠就是最好的休息方法。有人说，人的一生有三分之一的时间都是在睡眠中度过的。的确，在卧室、在床上，是我们最放松的时刻。也就是说，观察一个人的睡觉习惯，也能看出他最真实的一面。

一直以来，岩岩都很喜欢心理学，即便她大学读的不是这专业，毕业后的她依然经常会自学一些心理学知识。这不，最近，她报了一个心理学课程，在课上，老师告诉她，一个人的性格、心理可以在睡觉这一最放松的状态下展现出来。

对此，这天下课回家后，岩岩对爸妈说，希望他们能在自己睡着时给自己拍一段录影，这样就能看出自己的睡觉习惯，以便得知自己的性格、心理。

后来，岩岩在看录影的时候，被自己的睡觉习惯吓了一跳。原来自己睡觉时很喜欢把脚放在床外面，根据老师教的心理学知识，这是工作、生活压力大的表现。是啊，这几年来，岩岩一直在努力工作，不断地升职，不断地挑战自己，确实是累了，该好好休息了。

从岩岩的经历中，我们可以看出，一个人的心理状态如何，可以从其睡觉习惯和姿势中看出来。的确，每个人的睡觉习惯都不尽相同，有的人习惯躺着睡，有的人习惯蜷缩着睡，有的人喜欢依床沿而睡，我们可以依据不同的睡觉习惯，判断出这类群人隐藏的性格特征。

1. 蜷缩睡

这种人一般都是缺乏安全感的，也许生活上、工作上、感情上的孤独让他们感到极度疲惫、孤单。像猫一样睡觉，也是性格比较软弱和受不了打击的表现。他们的独立意识较差，喜欢依赖熟悉的人物或环境，而遇到不熟悉的人物和环境就会产生恐惧心理，遇到困难大多会选择逃避。他们的逻辑思辨能力很差，做事没有层次感，常常是事情已经发生了，准备工作还没有做好。

2. 俯卧睡

这种人对自己很自信，能力也很突出。他们能够正确无误地认识自己，任何时候都知道自己是谁，也知道自己在做些什么。他们会坚持不懈地追求人生的目标，有信心也有能力去实现它。遇到紧急情况时，他们能及时作出决策，有很强的随机应变能力，懂得怎么样调整自己。另外，他们善于把自己的真实感情掩饰得滴水不漏，而不让他人看出一点儿破绽。

3. 仰睡

喜欢仰着睡的人性格开朗、活泼、大方。在生活中，他们待人亲切、热情、极富同情心。他们还很贴心，在人际交往中，他们能看出别人的需要。另外，在遇到事情时，他们敢于担当、不会逃避责任。他们处事成熟，懂得分清事情的轻重缓急，并且很有执行力。这样的人是很优秀的，他们身上有很多美好的品质，他们通常能把事情做得很到位，因此，他们常常能赢得周围人的敬重和信赖。

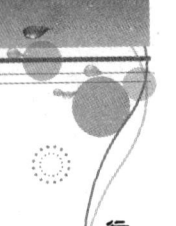

4. 喜欢睡在床边

这种人缺乏安全感，但自控力、容忍力强，能够使不安情绪不流露出来。如果事情没有超出容忍的极限，他们是不会轻易反击、动怒的。

5. 整个人成对角线躺在床上

这种人相当武断，虽然做事精明干练，但很难向别人妥协。对待事情的态度是"我说怎样就怎样，你不得反对"。他们乐于领导别人，有很强的权力欲望。

6. 双脚放在床外

这种人的生活节奏相当快，工作比较忙，没有多少休息时间。他们有相当积极和乐观的生活态度，精力充沛，对待别人也非常热情和亲切。

7. 脸朝下，头摆在双臂之间，膝盖缩起来

这种人具有很强的防卫心理，自主意识比较强，很少听从别人的建议，更不会向权势低头。喜欢做自己喜欢做的事，如果有人强行要求他们做其他事，他们就会反抗。

8. 双手摆在两旁，两脚伸直坐着睡

这种人时刻都处在高度紧张中，他们的生活节奏非常快，而且有规律。什么时候该做什么，什么时候不该做什么，似乎已固定下来。

9. 双臂或双腿交叉睡觉

这种人的自我防卫意识比较强，容不得别人侵犯自己。但他们的性格很脆弱，某种伤害来临时很难承受得住。

准确把脉他们的关系

现代社会的人们几乎没有一刻不在交往，大城市中，人口密集的程度是难以想象的。每天从清晨开始，我们就不断地与人交谈、合作或是争执。这些交往的过程中，谁也不去注意自己的身体是怎样的姿态，但毫无疑问，这些无意间的姿态和行动是极有研究价值的。许多社交达人能观察到一般人不易察觉的现象，他们是根据大量的实践产生的感性知识去观察、判断，达到了相当精确的程度。

身体接触行为是展现关系的方式。由于其表现鲜明，变化明确，使之成为重要的关系标志。人在公共场合当众做出的身体接触，接触一经出现，关系就可以断定。因为人天生有一种领域感，本能地使他们产生保护自己的意识。但友谊的力量会压抑住这种本能，情谊的深浅不同，人们压抑的程度也不同。因此，我们就可以从接触的方式、部位、程度断定两人间的关系。

据统计观察，人类有457种身体接触方式，但通常应用的只有其中的14种。

1. 握手

握手是最形式化的接触。它只表现疏远、淡漠的关系；关系亲近的人一般不会握手，即使握手他们也会加上其他动作。如用一只手握手，而用另一只手拍对方肩膀，情绪越是高涨，动作亲近的程度越深。

2. 指引

指引是用手接触对方给予轻轻的暗示，指向他前进的方向，主人一手搭在客人的后背上，当要他转弯时，手就向那个方向用力，客人自会通晓。在舞池中，翩翩起舞的男女们也使用它，要行配合时，男伴用手在女伴背后轻轻用力。这种指引的方式源于父母左右摆弄孩子，父母通过手力把自己的意志强施于儿童，儿童幼小需要保护，对这种外来的意志无所理会，而成人却能强烈地感受、反应。所以当使用它时，一定要巧妙、温和一些，不要将指引意识表现的过于鲜明。

3. 轻拍

母亲在哄弄孩子时常常使用它，轻拍是一种安慰。有节奏、有韵律的轻拍是在反复地强调"我在你身边，放心吧"的意思。用于成人则表示打招呼、贺喜、安慰。拍的部位只限于手、臂、肩、背，部位不当能引起不愉快的误会，而拍打臀部、大腿、肚子就有轻薄的成分了。

4. 挽臂

这是最常见的接触方式。男女之间经常使用。姿势是男子的手臂垂直，女子手臂横着挽扶；或是男子手臂呈直角弯曲，女子仅用手搭附其上。这两种方式都是在暗示：男子是保护者，女子有依附感。其实，这些姿势的形式多是由于生理结构不同所致，假如女子比男子还高，要模仿上面的姿势就很吃力。而更多的情况是人们用这种姿势展示他们的关系。

5. 拥肩

这是拥抱姿势的变形。两人并排行走时最容易出现。另有一种情形，某人向伙伴说明某事时，他也可以采取这种姿势，表示自己对他的控制欲望。同时，这种亲切的表示，也能引起听者的态度转变。

6. 拥抱

最强烈的表达感情的姿势。幼儿时代，人没有任何防卫及生存的能力，只有在父母的扶持下才能生存、生长。拥抱是经常性的姿势，是父母向儿女表达保护、亲抚态度的姿势。成人间的拥抱意义已经转变，两位相别很久，如今重逢，拥抱是最合适不过的表达方式。它几乎是整个过程的缩影，离别又重逢，两人奔向对方紧紧拥抱。仿佛要使被冷落已久的两颗心碰撞出灿烂的火花。让两人炽热的感情如他们身体一样紧紧溶在一起，这样热情的镜头多出现于男女恋人们身上。

热情奔放的拥抱还出现在胜利之后，典型的例子可以在球场上找到，队友将球射入对方大门，其他队员立刻奔过去和他紧紧拥抱在一起。既有道贺意味，又充满了感激鼓励之情。

7. 牵手

这也是父母爱护儿童们的方法；成人们牵手的现象少，几乎只局限年轻恋人之间。如果说恋人间的挽臂、揽腰是郑重的宣言书，那么，牵手就成了一首飘逸的爱情小诗。比喻也许不恰当，但牵手却是真正能表现轻松愉快之情的方式。

8. 揽腰

这个方式不言而喻地表明了一切。只有感情深厚的恋人们才会采取这样的接触，别的关系一般不会。

腰部和臀部、大腿、腹部一样，同属隐秘区域，同性伙伴只会在肩、臂等部位接触。对隐秘区域的接触是极为慎重的。男女恋人为表达他们非同寻常的关系，接触就会就亲密一些。

另一个原因，两人并排同行，揽腰是顺势的亲密方式。爱恋的人儿是不会放过这个机会的。任何人看到这个姿势，对他们的关系都不会产生误解。

9. 亲吻

亲吻是用唇接触的方式，它本身就已说明了一切。早已超出了关系的展示范围，而成为表现力丰富的感情表达。

亲吻源于原始时代，母亲将嚼碎的食物送入婴儿的口中。母爱行为到了现代完全异化成异性之爱的表示，唇与唇的对吻仅限于异性之间，刚开始交往的恋人亲吻不会过于热烈，只表示表示而已，而热恋期的恋人则毫无顾忌，他们沉迷在意味无穷的长吻之中，如糖似蜜，性意味十分突出。关系成熟，年龄稍长的人们对此是有节制的，只有在发生重大变故时，才会有所表示。在球场上，这一禁忌又被打破，外国男性球员庆祝胜利时，情不自禁地去亲吻队员，这里只有道贺、感激的意义。

除以上情形，亲吻亦成为通行的礼仪之一。用唇亲吻的部位不同，所含的意义也不同。一般亲朋好友间的吻礼是对脸颊，这种吻礼如握手、拥抱一样成为形式化的表示。大人吻孩子的头顶，表示其权威性；男性在旧时代亲吻妇女的手，如果女性的地位高，男性亲吻时，须折腰以示恭敬，如果女性地位低于男性，男性就可以拿起女性的手吻，这样就避免了折腰。

10. 手触头部

看似平常的动作实在不平常，手是人最有攻击能力的武器。头脑是人体最重要、最易受伤害的部位。要想使两者达到相触，必须以充分的信任作基础，父母亲朋自不待言。情感甚笃的友人有可能也无法获得这一特权。你只要想一想都有谁摸过你的脑袋就可以明白这里面的含义。如果伸过来的是一陌生人的手，你本能地就会自动躲避、抵挡。

11. 头触头

这是表示心贴心的一种方式。仍是恋人们间常有的姿势。所谓"耳鬓厮磨"就是脸贴脸、头触头的写照。男性世界里，头触头也时有出现，但绝无情意缠缠的味道，相反却充满了阳刚的力度。因为原始时代，男性常以此比角力。现代，对抗性消失了，成了充满活力的热情表现。

12. 抚摸

这种接触方式是有严格限制的，虽然它表示的只的亲昵之情，父母对幼儿的抚摸表达父母之爱，使幼儿充分感觉到父母子女之情的温暖、安全。这种沟通极有利于幼儿的成长。有研究表明，婴儿在初生一月内，如果哭闹能得到及时的爱抚安慰，那么他在以后的生活中，哭闹就会大大减少。因此，抚摸是父母与幼儿沟通的一条重要渠道。

抚摸也是男女间沟通的重要手段，通过用手对对方身体的轻抚、揉搓、轻抚、摸索等动作，传递彼此的情感，这种奇特的传情方式是祖先从动物界中带出来的。对这些外部行为给心理带来的感受，我们很难用语言描述，但可以肯定，抚摸是两性间奇妙的一种沟通方式。

由于以上原因，抚摸仅限于一定的亲密范围内，越轨行为则被视为轻薄、猥亵。它不但不能使人产生触觉快感，相反，反感厌恶的情绪会使人做出不同程度的反击。

13. 扶持

基本上，扶持是没有特殊意义的接触方式，只能传达人们间宽厚仁爱之情。儿童在无人扶持下，私自出门，好心的人担心他出事，自动予以扶持，帮助其回到父母怀抱中；老人行动迟缓，需要别人扶持才能安全到达马路对面；病人、残疾人同样需要旁人的扶持，才能克服自己的困难。扶持可以出现在陌生人之间，也有出现在亲朋之间，它所能表达的信息只是：一人需要帮助，另一好心人予以扶持。要想观察到其他关系，就要看是否有其他形式的接触，有些罪犯劫持人质时，也会摆出一副好心人的架势，表面上看两者实在没有差别。但他们的手用力的方式很特殊，不是单纯的扶持，而是指引、强迫、挟持，态度粗暴，用力蛮横，绝不似善意的扶持那样谨小慎微。亲属间的扶持是更加亲切、轻柔的表现。子女搀扶老年父母行走时，臂弯承担着他们身体的力量，手也会握住他们苍老的手，身体尽可能接近，比陌生人间接触要多许多。面部表情也很关切，还有一些目光的交流。

14. 玩笑式的攻击

只有熟悉的伙伴之间才会有的行为，挥拳、拍打、捏挤、骚扰、搂抱、触碰、挤压等，都可能为成人间开玩笑的方式。儿童间也常出现打闹的情况，但很难断定他们的表现。父亲可以用手拍打儿女的头顶，老师、伙伴却不能。恋人可能勾住脖子，一般关系只能是拥肩。老伙伴可以相互搔痒胸腹，新伙伴的手只能停留在粗臂、宽肩上。脚是极危险的"杀手"，一般情况下很少用于玩笑。总之，越亲近的关系，信任程度也越高，玩笑可能造成的危害也越大。

第六章　穿戴装扮：
衣着服饰透露心理真相

人刚出生的时候，本来是赤裸裸的，为了遮掩自己的庐山真面目，抵御寒冷，这才穿上了衣服。穿戴是人社会性的重要内容，它不仅掩饰了人的动物性，而且将人在社会中的地位区分得清楚明白。人们没想到的是，当自己穿上喜爱的衣服时，反而把自己的心理状态袒露无遗。

服装类型透露一个人的心理

初次和别人交往，我们不可能深入别人的内心去了解对方，但是通过观察别人的穿着类型，我们就可以对对方有个大概的了解，这不失为一个人际交往的好方法。

我们都知道，在现代生活中正式的服装会让一个人觉得自己是一个有价值的人。在日常生活中，人们对服装类型的选择一般有如下几种：

1. 套装型

这里的套装对男士来说是西装，对女性来说是套裙或者女士西装。偏爱这种服装款式的人一般做事有计划、有条不紊，事业永远排在他们心目中的第一位，他们认为正式的服饰是事业的一部分，只要一穿上正式的套装，就能让他们感觉到自己正处于工作的状态，会让他们斗志昂扬。

2. 潮流型

穿着潮流款式的人群一般站在潮流的顶端，他们从不看重自己到底适合什么，而是看重今天流行的是什么。他们要想吸引别人的注意力，只能通过穿着特别来突出自己。这类人普遍自尊心比较强，渴望赢得别人对自己的认同，他们的情绪波动非常大。其实和这种人相处最容易，你只要不断地赞美他们，他们就会在我们的赞美中满足自己的虚荣心。

3. 运动型

偏爱运动型服装的人一般精力比较充沛，办事积极主动。这种人有毅力和恒心，一旦下定决心去干什么事情，就会坚持到底。如果失败了，他们也不会气馁，而是很快振作起来，迎接新的挑战。所以，穿着运动型服装的人一般很值得信赖。

4. 舒服型

舒服款式的衣服有 T 恤衫、牛仔等，这些衣服比较休闲和随便，偏爱这种款式服饰的人不挑剔，对衣食住行一般没有什么特别的要求。他们的优点是顺从人意，绝对不会给人添麻烦，脾气比较随和，和绝大多数人都能友好相处。但是缺点是缺乏自己的主见，生活有些懒散，对自己的要求比较低。

5. 名牌型

这种人一般分为两类，第一类人家里比较富有，从小就娇生惯养；另一类人是故意装成有钱人，让别人觉得自己很富有。这两种人自尊心都比较强，非常爱面子，有很强的虚荣心，他们看起来不在乎钱，但其实骨子里最看重的就是金钱。所以这种人也特别的现实，他们多是典型的物质崇拜者。

服装色彩反映一个人的个性与心理

朱莉原本就职于美国洛杉矶一家大型文化公司。她是一个很出色的女人，大学毕业至今，朱莉已经在目前这家文化公司工作了十几年，通过不懈的努力，朱莉深得领导的赏识，职位也在不断晋升。

就在朱莉晋升为文化公司财务总监后，她和丈夫亨利迎来了他们人生中的第一个孩子。并且没过几年，他们又有了第二个孩子。很显然，在工作中争强好胜的朱莉在照顾孩子方面有些力不从心，她经常被两个"淘气鬼"弄得筋疲力尽。

无奈之下，朱莉和丈夫亨利深谈了一次，最终的结果是朱莉放弃了蒸蒸日上的事业，全心全意在家照顾两个孩子，而亨利则独自担起挣钱养家的责任。

就这样，经过几年时间的洗礼，朱莉由从前的女强人变成了一个操持家务的家庭主妇，而一心扑在工作上的亨利已经顺利晋升到总经理的位置，本以为日子会按照他们当初约定的那样过下去。可是，朱莉却发现了亨利的异常。

一连好几个月的时间，朱莉发现亨利总是无止境地加班，而且每当到了晚饭时间，亨利总是打电话过来说自己在外面应酬，不用等他吃饭了。刚开始，朱莉并没有多想，可是一次偶然的相遇引起了朱莉的怀疑。

那天，朱莉在接两个孩子回家的路上突然看到一名西装革履的男士正站在路边等人，这名男士的背影无比熟悉。就在朱莉正要过去看个清楚的时候，另一个穿着时髦的女士已经捷足先登了，他们有说有笑地离开了，男士还搂着女士的腰。

尽管朱莉并不完全肯定那天看到的熟悉背影就是自己的老公，但是那天男士搂着时髦女士腰的画面在朱莉的脑海中挥之不去。为了彻底搞清楚自己心中的疑虑，朱莉特意找了一个私人侦探，她要秘密调查自己的老公。

没过几天，私人侦探就有了结果。原来朱莉的怀疑并非没有道理，朱莉当时见到的时髦女人就是亨利的秘书凯特。紧接着，作为证据，私人侦探还将一沓亨利和凯特约会的照片交给了朱莉，看着老公和别的女人卿卿我我的照片，朱莉顿时傻眼了，她无法接受这个巨大的打击。

可是，为了挽回自己的婚姻，朱莉没有时间沉浸在痛苦中，好不容易找了一天，让亨利留在家里照顾孩子，朱莉编了一个拙劣的借口出门了。她出门是为了到美容院让自己的皮肤重回昔日的光彩，然后到服装店为自己挑选出一些款式新颖的服装，在回去的路上，到书店买了几本书籍，希望以此找回昔日的自信。最后，因为朱莉由内而外的华丽转变，丈夫亨利重新回归到家庭，一家人过着幸福美满的生活。

人们对不同的色彩有着不同的心理感受，而对色彩的喜好也能够反映出一个人的心理特征，而一个人衣服的颜色更是能够体现出其心理情绪的，因为人们在选择衣服颜色的时候，多多少少会受到自己性格和当时情绪的影响。

在人际交往中，服装色彩往往是人们在注意一个人的时候最基本的视觉要素之一。我们可以通过人们服装的不同颜色，推测出穿不同颜色服装的人的个性与心理。

1. 喜欢红色服装的人

这类人能带给他人一种非常精神、充满活力的感觉，因而大多都热情奔放、充满自信，且心理承受能力强，人际关系也非常和谐。

2. 喜欢穿粉色衣服的人

这类人以女性居多，大多性格比较温柔可爱，内心充满温暖，在别人遇到麻烦的时候，总能给人一种温暖的感觉和力量。

但同时，这类人也存在着一定的缺点，即容易陷入幻想之中，对很多事情非常敏感和脆弱，极易受到伤害，而且十分依赖别人，尤其是对待感情和生活，承受能力不够强。

3. 喜欢紫色服装的人

这类人喜欢保持神秘，性格谦虚温顺，有很强的冒险精神，总是努力地想要做好手中的每一件事情。在生活中渴望获得更多的知识，在信仰上有自己的追求，非常独立，追求完美，因而对自己的要求非常苛刻和严谨。

4. 喜欢绿色服装的人

这类人一般性格豪放，对任何事情都充满了希望，崇尚自由，没有心理偏见，有宽大的胸怀。

虽然绿色也是比较显眼和艳丽的颜色，但这并不代表着喜欢穿绿色衣服的人就非常高傲，或者虚荣心极强。相反，这种人大多都内心温和，非常懂得体贴和关心他人，有着良好的人际关系。

5. 喜欢黄色服装的人

这类人大多都非常理性，很有智慧，有极强的上进心，并且创意丰富，喜欢研究，经常会产生奇思妙想，拥有一个成功人士所具备的条件，在心理上能够非常迅速地接受新鲜事物。

6. 喜欢橙色服装的人

这类人开朗、口才好，并喜欢幽默。

7. 喜欢灰色服装的人

这类人并不多，但喜欢穿这种颜色的人大多做事干练，一般都出自良好教养的家庭，才学渊博，胸怀宽广，性格稳定，不易冲动和兴奋，遇事习惯冷静处理，很受别人欢迎。

8. 喜欢蓝色服装的人

这类人在性格方面一般表现为缺乏决断力和实行力。这类人缺乏羞耻心和责任感，说话比较啰嗦，但其自尊心却是惊人的强烈。与这人打交道，应投其所好。另外，在这种人面前，说别人的坏话是最大的忌讳。

鞋子是传达心声的介质

鞋子作为一个人着装必不可少的一部分，在整体的造型中有着非常重要的作用。其实，人们穿鞋子不光是起到保护脚部以及美观大方的作用，还能够表现出性格特点，我们可以通过鞋子察觉出对方的性格和心理。

心理学家研究发现：鞋子和穿鞋的习惯都可以表现出一个人的性格，其意义不仅仅涉及鞋子本身，还涉及选择鞋子的行为。

一双鞋子可以表达一个人在生活上和精神上的作风以及性格，但每个人又各不相同，所以必须具体问题具体分析。

男性选择鞋子，一般是源于生活上的习惯以及潜意识里的喜好，因此男性鞋子的花样并不多。男性穿皮鞋注重的是鞋料的舒

适和质感，至于样式、颜色等因种类有限，当然不会太讲究。然而，对女性来说恰恰相反，女性在选购皮鞋时，就像选购耳环、手镯等饰物一样，首先考虑的是颜色、风格和款式等要素，一旦看中颜色、风格和款式，至于舒适性、实用性以及鞋质很少会去权衡。从选择鞋子的样式上，就能看出一个人行为背后的心理秘密。

1. 喜欢穿同一款鞋子的人

自己最喜爱的一款鞋一直穿到坏掉，如果换鞋，那是这双鞋子坏后的事情。这种人相当独立，他们非常清楚什么是自己喜欢的，什么是自己不喜欢的，他们对自己的感觉很重视，不会过多地在意别人对自己的看法。

做事方面他们一般比较小心和谨慎，在经过仔细认真地考虑以后，他们要么不做，要么就全身心地投入做得很好。他们对自己的亲人、朋友、爱人的感情都是相当忠诚的，没什么可以让他们做出背叛的事情来。

2. 喜欢穿时髦鞋子的人

行为心理学家发现，这种人普遍有这样一种观念：只要是流行的，就全是好的，从不考虑自身的条件是否与流行相符合。

这种人做事时常缺少周全考虑，所以会顾此失彼。他们对新鲜事物的接受能力比较强，表现欲和虚荣心也很强。

3. 喜欢穿带装饰的鞋的人

当然，这种人大多是女性，这是一种把自己看得比较重，且属于自我满足型的女性。她们特别喜欢打扮，而且有时打扮得往往过了度，虽然她自己觉得这根本不算什么，可给周围人的感觉就是"过了度"。

这类人在与人打交道时，较少顾及别人的存在，至于有没有男人去追求她，他人愿不愿与她交往，多半不放在心上。她们长期生活在自己的世界里，身边知己的朋友较少。

4. 喜欢穿拖鞋的人

这种人被视为自由者的最佳代表。这种人对自己的感觉和感受非常注重。这种人非常随意，性格外向活泼，心态端正，乐于追求自己的感受，不在意别人的评价，懂得享受当下的生活，能够从生活中找到自己的乐趣，不会为了别人的需要或其他什么而严格苛求自己。

另外，这种人的思想比较先进，有超前的打算，大脑中不时会有新鲜奇特的想法冒出。他们为人处世非常灵活，洒脱果断，人际关系很牢固。

5. 喜欢穿没有鞋带的鞋子的人

这种人追求比较简单，大方整洁，性格比较中规中矩，几乎没有表现欲望，思绪不复杂多变，思想意识上比较传统和保守，没有太多的追求。可以说，平淡的生活是这种人最向往的。

6. 喜欢穿结实耐用的运动鞋者

价廉物美的运动鞋是这种人的首选。他们有着自己的审美观，常常以开路先锋的身份自居，认为自己必定会飞黄腾达，目前的这种小气只不过是"黎明前的黑暗"，所以不会在名牌面前露出惭愧之色。

这种人对生活持有积极乐观的态度，在为人上表现出亲切和自然之感，他们没有特别的生活规律，一般容易与人相处。

7. 喜欢穿远足靴的人

心理学家认为，这种人会把自己充足的时间和精力投入到工作中，他们有较强的危机感，以随时应对各种各样的突发事件。他们勇于冒险，具有开拓精神，经常向自己不熟悉的领域挺进，并且对自己持有"绝对能成功"的自信。

8. 喜欢穿露脚趾鞋子的人

这种人属于性格外向型。他们的思想意识比较先进和前卫，浑身上下充满朝气。

这种人在与他人交往的过程中，一般能表现出拿得起放得下的洒脱形象。

9. 喜欢穿细高跟鞋的女人

这种人的表现欲望是非常强烈的。虽然高跟尤其是细高跟的鞋子在穿着上会让人很受折磨，但是对于这类女性来说，强烈的表现欲望早已经掩盖了折磨——她们希望引起他人的注意。不过，这种女人成熟大方，比较有魅力，头脑聪明，性格独特，并且有自己明显的个性和气质，非常自信，在工作上或者在生活中都非常认真和努力。可是有时候这种人的脾气会很大，是典型的女强人特征。

另外，这种人做事效率一般也会比较高，执行任务的时候干脆利落。虽然这种人有时候外表冷酷，给人一种冷冰冰的感觉，脾气火暴，但是只要用心与其相处，就会发现其内心情感还是很丰富的。

10. 喜欢穿靴子的人

这类人一般没有安全感，往往自信心不强，甚至还有点小小的自卑感，希望脚上的靴子能增强自己的信心，让自己看起来更好。特别是女人，穿着靴跟又高又尖、靴筒又细又高的靴子，足可以和任何一个男人比高低，而男子见到她们也会投来敬畏的目光。

领带是暴露个性的媒介

西装是一个男人在正式场合下所穿的正装，一件西装穿在一个人的身上具有的效果，除了突显穿者本身的气质特点外，还有一个很重要的考察因素，那就是领带的搭配。

行为心理学家发现，一个男人的心理个性和行事原则可以完完全全地展现在领带打法及颜色的搭配上。对此，行为心理学家做出如下总结：

1. 领结打得又小又紧的人

这类男人，若身材瘦小，就说明他们是有意凭借"小而紧"的领带结让自己在别人匆忙的一瞥中显得身材"魁梧"一些；若是并无体形之忧，则是在暗示别人最好别惹他们，这类人不会容忍他人对自己有半点的轻视和怠慢。

这类人由于在生活和工作中谨言慎行，疑心甚重，养成了孤独的性格。属于那种自私的人，无论遇到什么事情都把自己放在第一位，热衷于物质享受，对金钱十分吝啬。愿意跟这类人交朋友的人寥寥无几，他们自己也似乎习惯了孤军奋战，很乐于一个人守着自己的阵地忙里忙外。

2. 领结打得不大不小的人

这类男人不管领带的色彩和样式如何，也不管本人长相和体形如何，一般都会给人以容光焕发、精神抖擞的印象。他们会在交往的过程中注重自己的言谈举止，不管本性如何，都会显得彬彬有礼。

由于能够认识到领带的作用，因此他们在打领带的时候常常会一丝不苟，把领带打得恰到好处。他们按部就班地工作生活，将大部分时间都投入到自己的事情中，做事积极主动，工作兢兢业业。

3. 领结打得既大又松的人

这种类型的男人所展现的风度翩翩绝不是矫揉造作出来的，而是他们丰富的感情所展现出的风采。这类人不喜欢受到拘束，而愿意积极拓展自己的生活空间，主动与他人交往，练就高超的交往艺术，因此在社交场合中游刃有余，可以轻易获得女人的好感。

同时，领带和衬衫的颜色选择也是非常有讲究的。领带和衬衫的颜色各式各样，不同的人有不同的偏好，所以通过领带和衬衫的颜色搭配反映出来的个人心理特点也就各不相同。

1. 喜欢绿色领带、黄色衬衫的人

绿色，是生命和活力的象征色；黄色，是收获和金钱的象征色，是代表财富与权势绝好的色调。这样搭配领带和衬衫的男人通常都富有青春活力与朝气，有了想法就会立刻着手去做，不喜欢拖泥带水，对事业充满信心。他们有时还会表现出鲁莽与冲动，

且自己不能控制自己的行为。

2. 领带深蓝色、衬衫白色的人

"蓝领"是职工阶层的代表色；"白领"是管理阶层的代表色。这种人将两者融合到一起，表示对工作非常上心，对自己的事业也竭心尽力，但是由于视野宽阔，白领的诱惑又远远超过蓝领，在奋斗的过程中常常会表现出急功近利的一面。

3. 领带多色、衬衫浅蓝色的人

这类人通常热衷名利、见异思迁，追逐的目标总是换了一个又一个。五彩缤纷是人们对美好事物的一种形容，但是这种色彩充满了迷离和诱惑，所以，普通人和勤奋的人一般对此敬而远之。

4. 喜欢黑色领带、白色衬衫的人

这种类型的人一般心态成熟，因为黑白分明是对阅历丰富之人的一种形容。这种人有一定的精神追求，善于感悟和总结，为人处世比较稳定果断。但是也有很多人之所以选择这种搭配方式，是因为他们想掩盖自己的真实想法和思想。善于黑白配的人内心都比较沉稳，比较坚强，能够承担一些重要的事情，让人有安全感。

5. 喜欢领带黑色、衬衫灰色的人

这类人一般不为人所接受，尽管他们态度热情，但还是会给人一种不舒服的感觉。这种人在穿着之时必先照镜子，若是能够接受镜中的压抑就说明他们有很深的忧郁，这份忧郁通常是因气量狭小所致，所以他们才会选择这身打扮。在实际工作中，老板一般都十分注重员工的情绪，因此这类人常常因为自身的灰色情绪而被老板辞退，所以这种人常在寻找工作中生活。

6. 喜欢领带红色、衬衫白色的人

红色一般代表个性奔放热情，是个人积极主动的一种表现，所以如果一个男人选择红色领带，无异于想追逐太阳的光辉，使自己成为大家眼中的火热目标。他们本应该属于充满野心的类型，但白色衬衫使他们在别人的心目中留下完全相反的形象，他们如火一样的热情和纯洁的心灵让人为之精神一振。

2009 年 1 月 20 日奥巴马在总统就职典礼上就是穿了一身黑色的西装，系了一条十分显眼的红色领带，而媒体们则称这条领带在当时是恰到好处。当时美国正面临着新一轮的经济大萧条，人们希望新任总统能够给美国带来希望，希望在不景气的经济下有一位出众的总统来领导他们走向美好，这一条红色领带正是符合了大众这一期望，呼应了民声。最终，奥巴马不负众望，上任以后为美国的经济恢复做出了一定的贡献，而且自从上任以来，他佩戴的领带多为红色和蓝色，充分体现了其奔放的热情和满溢的野心。

7. 喜欢领带黄色、衬衫绿色的人

这类人一般会产生诗人或艺术家的气质。他们相信付出就会有所回报，用辛勤的耕耘换取丰硕的收获，按照自己的理想来设计自己的生活和人生，并勇于付诸实践。他们大多都性情柔顺，对人和蔼可亲，心态比较豁达。

帽子是一个人内心的密码

最初的帽子仅仅只有御寒的功能，但是随着社会的发展，人们发现帽子也能够为人们增加美观。行为心理学家研究发现，从一个人对帽子的选择可以看出这个人的心理特征，也就是说帽子可以表达人的个性特点。关于帽子的选择，我们将行为心理学家研究的结果分为以下几个部分：

1. 喜欢戴鸭舌帽的人

鸭舌帽，一般是上了年纪的人所佩戴的，它所表现的个人特点是稳重、踏实。如果男人戴这种帽子，那么他会认为自己是个客观的人，能从大局着想，不会因为一些细枝末节而影响整个大局。

有时候这种人自以为是，故意摆弄老练的个人形象，在与别人交往时，就算对方胸无城府，他们还是喜欢与别人绕着弯去说话办事。他们之所以这么做，是因为他们是个会自我保护的人，不愿轻易让别人了解他的内心。他们不是个攻击型的人，但是个很会保护自我的防守型的人，所以他们很少伤害别人，但也不容许别人伤害他们。

他们还是很会聚财的人，相信艰苦创业才是人生的本色，多劳多得是他们的客观信条，他们从不相信不劳而获或少劳而获，他们认为自己所拥有的财富来之不易，因此他们从不乱花一分钱。

2. 喜欢戴圆毡帽的人

总喜欢戴圆毡帽的人，纯粹是一副小市民的派头，对任何事情都感兴趣，但从不表达自己的看法，即使有看法也是附和别人的观点，好像没有任何个人独到的见解。但这并不表示他们没有主张，只不过他们都是老好人，不愿意随便得罪别人，哪怕是个最不起眼的人。

他们在骨子里是忠实肯干的人，对只有付出才有收获的道理坚定不移。他们对不劳而获的人恨之入骨，从来不让不义之财玷污自己的手指。

对于做每一件事情他都会全力以赴，投入巨大的精力和热情，对于报酬，他只拿属于自己的那一份，他以自己的美德赢得别人的尊重。

在选择朋友方面，他表面随和，其实颇为挑剔，因此除非对方和他有相似的看法和观点，否则他是不会考虑与其深交的。

3. 喜欢戴旅游帽的人

旅游帽，其实就是一种装饰品，因为这种帽子既不能御寒也不能抵挡阳光。用这种帽子来装扮自己以投射某种气质或形象，或者戴上它另有企图，用来掩饰一些他们认为不理想或者有缺陷的东西。

从这些所表现出来的特点来看，那些爱戴旅游帽的人，一般是内心虚伪、不踏实的人，他们善于投机取巧，因此，能真正了解这类人的人寥寥无几，一般人大多只是了解他们的皮毛罢了。

他们过度聪明，自以为是，以为自己做得天衣无缝，其实别人早已看出他们是不可深交的人。因此，他们真正的朋友并不多，而所谓身边的朋友多半是与他们面和心不和的人，有时他们也能看出自己的缺点，但由于本性所决定，他们无法改变这些事实。

在事业上，这种人也用他们那套投机之术去钻营各种空子，有时会收到不错的效果，但一旦他黔驴技穷时，就会被他们的上司和同事看穿。

4. 喜欢戴礼帽的人

戴礼帽的人，大多觉得自己稳重而具有绅士风度。这种人急切渴望给人一种沉稳而成熟的感觉，在别人面前，其行为举止也会经常表现得很传统。

这类人除喜欢礼帽外，还喜欢皮鞋，不管任何时候都要把鞋擦得锃亮，就连所穿的袜子也一定会给人一种厚实的感觉，尽管是在炎热的夏季，一样会拒绝穿丝袜。由于他们看不惯很多东西，所以他们多少有点自命不凡的本性，认为自己是个干大事的人，进入任何一个行业都应该可以做到领军水平人。可惜他们过分保守并且缺乏冒险精神，成就并不大，所干的事业也不像想象的那么顺心。

在友情上，他们的朋友会觉得他保守、呆板，不容易掏真心话，即使他们在见面时斯文有礼，也不能加深他们之间的友谊，他们和任何一个朋友之间的友谊都不能保持应有的深度。他们有时也会想到这些，并试图努力去改变，但他们天生的性格使他难以表达自己的心思，有时反而适得其反。

5. 喜欢戴彩色帽的人

这种人喜欢色彩鲜艳的东西，对时下流行元素非常敏锐。每当出现新鲜玩意儿，他们总是最先尝试，希望人家赞扬他们的生活过得多姿多彩。这种人懂得享受快乐人生，并且总是以弄潮儿的身份走在时代前列。

这种类型的人也是害怕寂寞的人，因为他们精力旺盛、朝气蓬勃，那颗不甘寂寞的心总是使他们躁动不安，因此他们会经常邀请伙伴们一起到灯红酒绿之地尽情玩耍。

如今，帽子的种类、款式越来越多，人们的选择也越来越多。行为心理学家认为一个人对帽子的选择与其性格特征有着密切的内在联系，我们完全可以从对方所戴的帽子入手，来判断其性格。

手表是剖析性格特征的论据

对于时间的流逝，不同的人有着不同的感受：有的人对此熟视无睹，而有的人则表示出深深的惋惜，抓紧利用每一分钟去做有意义的事情。

行为心理学家认为，一个人对待时间的看法，很大程度上是由其自身的性格决定的，而时间对人产生了什么样的影响，很多时候能通过人所戴的手表传达出来。对此，行为心理学家做出如下总结：

1. 佩戴怀表的人

佩戴怀表的人，一般时间观念较强，对时间享有较好的控制能力，即使他们每天的生活都是忙忙碌碌的，也并不会成为时间的奴隶。因为他们懂得如何驾驭时间，懂得如何自我放松，并且进行自我调节。

这类人有较强的适应能力，善于把握和控制自己，能够很好地调整自己的心态。他们乐于收集一些带有怀旧气息的东西，有一定的文化修养，因此言谈举止比较优雅。他们有比较浓厚的浪漫思想，常会制造一些惊喜。他们把人与人之间的感情看得高于一切，并以惊人的耐心来经营。

2. 佩戴液晶显示型手表的人

这种类型的人一般在生活中精打细算，是过日子的能手，他们在生活中表现出常人难有的节俭习惯。他们的思维比较单纯，对简捷方便的各种事物比较热衷，而对于太抽象的概念则难以理解。

这类人在为人处世时以认真的态度为主，不会随随便便地与他人打成一片。

3. 佩戴古典金表的人

这类人眼光一般都比较长远，能够在发展中看待一切，他们对眼前的一些既得利益不会太在意，会注重一些更有发展前途的事业。他们心思缜密、头脑灵活，往往有很好的预见力。

这类人思想境界比较高，而且非常成熟，凡事都会看得清楚透彻。他们有较大的宽容力和较强的忍耐力，而且很讲义气，能够与家人朋友同甘共苦、生死与共。这种人对外界的一些困难和压力从不服软认输。

4. 佩戴闹钟型手表的人

这类人一般是严于要求自己的人，他们把自己的神经绷得很紧，丝毫没有放松的时候。这一类型的人算不上传统和保守，但

是他们喜欢按一定的规矩办事，在争取成功的过程中任何一件事都是以相当直接而又有计划性的方式完成的。

他们很有责任心，有时候会刻意地培养和锻炼自己在这一方面的能力。不得不提的是，这种人还是组织和领导方面的天才。

5. 佩戴电子手表的人

电子手表比以往的机械手表更便于操作和使用，当需要时只要按一下显示时间的键就会出现数字，如果不按就什么也看不见。

喜欢戴这一类型手表的人多是有些与众不同的特别之处。他们独立意识非常强烈，从来不希望受到他人的约束，自由自在、无拘无束地去做自己想做并且也愿意去做的事情。他们善于掩饰自己的真实情感，所以不易和一般人走近。在别人看来，他们有一种神秘感，同时这类人也会因具有这种神秘感而沾沾自喜。

通过手提包也能洞察他的心理特征

手提包的样式是多种多样的，人们通常都会根据自己的喜好进行选择。一个人对手提包的选择是出于喜欢，更是其自身性格的体现。为此，FBI 高级特训员经过长时间观察与研究，分析出选择不同手提包的人的心理特征。对此，FBI 做出如下总结：

1. 选择的手提包比较大众化的人

在行为心理学家看来，这种人性格也比较大众化，或者说没有什么特别鲜明的属于自己的个性。他们在大多时候都是从众的，大家都这样选择，所以他们也这样选择，没有主见。

2. 选择的手提包十分有特点的人

从心理学角度来看，这种人其性格可能要分两种不同的情况来分析：

一种是他们的个性的确非常强，特别突出，对任何事物都能从自己独特的思维、视觉等各方面出发，从而做出选择。这一类型的人中，有很多都具有艺术细胞，喜欢我行我素，不被人限制，而且他们标新立异，敢冒风险，具有一定的胆识和魄力。假如不出现什么意外，自己又肯努力，会在某一领域做出一定的成绩。

另外还有一种人，他们并不是真正的有个性，不过是为了要显示自己的与众不同，故意作出一些与其他人迥然有异的选择以吸引更多的目光罢了。这一类型的人自我表现欲望及虚荣心都比较强。

3. 选择的手提包多是休闲式的人

这种人的工作有很大的伸缩性，自由活动的空间比较大。正是由于这样的条件，再加上先天的性格，这类人大多很懂得享受生活。他们对生活的态度比较随便，不会过分苛刻地要求自己。他们比较积极和乐观，有进取心，能很好地安排工作、学习和生活，做到劳逸结合，能在比较轻松惬意的氛围里把属于自己的事情做好，并取得一定的成就。

4. 选择的手提包多是公文包的人

这从一个侧面说明了提包主人工作的性质：工作过程中比较常出现在正式场合。选择公文包或许是出于工作的一种需要，但在其中多少也能透出一些性格特征。这样的人大多办事较小心和谨慎，他们不一定非得要不苟言笑，即使是有说有笑也会相当严厉。当然，他们对自己的要求往往更高。

5. 选择方形或长方形的手提包的人

这种手提包外形和体积都相对比较小，因此使用起来并不是非常方便，在有些时候可以当成是一件配饰。喜爱这一款式手提包的人，多是没有经历过什么挫折的人。他们比较脆弱或不堪一击，遇到挫折，很容易就妥协或退让。

6. 选择中型肩带式手提包的人

据联邦调查局相关资料显示，这种人在性格上相对比较独立，但在言行举止等各个方面却是相对传统和保守的。他们有一定的自由空间，但不是特别的大，交际圈子比较狭窄，朋友也不是很多。

7. 选择小巧精致、不实用、装不了什么东西的手提包的人

一般而言，选择这种包的人应该是年纪比较轻，涉世也不深，比较单纯的女孩子。如果选择这种包的人已经过了这样的年纪，还热衷于这样的选择，则说明这种人对生活的态度是十分积极而又乐观的，对未来也充满了美好的期待。

8. 喜欢具有浓郁的民族风味、地方特色的小提包的人

这种人自主意识比较强，是个人主义者。他们的个性突出，常常有着与他人截然不同的衣着打扮、思维方式等等。有些时候显得与他人格格不入，因此，营造比较好的人际关系存在着一定的困难。

9. 喜欢超大型手提包的人

这样的人自由自在、无拘无束，他们很容易与别人建立某种特别的关系，但是关系一旦建立之后也会很容易破裂，这也是由他们的性格决定的。因为他们的生活态度太散漫，缺乏必要的责任感。虽然他们自己感觉无所谓，但却并不是其他所有人都能容忍与接受的。

10. 把手提包当成购物袋的人

心理学家研究发现，这种人多是希望寻找捷径，在最短的时间内以最少的精力把事情办完的人。他们很讲究做事的效率，但做起事来又比较杂乱无章，没有一定的规则，很多时候并不能如愿以偿。他们的性格多比较随和与亲切，有很好的耐性，满足于自给自足的状态。在他们的性格中感性的成分要比理性的成分多一些，做事喜欢意气用事。独立能力比较强，不太习惯依赖他人。

11. 喜欢金属制手提包的人

这类人大多比较敏感，能够很快跟上流行的脚步，他们对新鲜事物的接受能力是非常强的。但是这一类型的人，在很多时候并不肯轻易地付出，而总是希望别人能够先付出。

12. 喜欢中性色系手提包的人

这类人表现欲望并不是很强烈，他们不希望引起他人的注意，目的是减少压力。他们凡事多持得过且过的态度，生活比较懒散。在对待他人方面，也喜欢保持相对中立的立场。

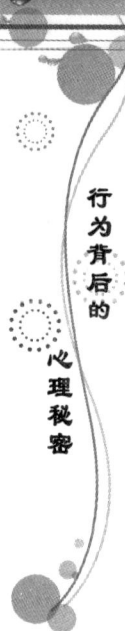

13. 不习惯于带手提包的人

这类人其性格要分几种情况来讲，有可能是由于他们比较懒惰，觉得带一个包是一种负担，过于麻烦。另一种可能是他们的自主意识比较强，希望独立，而手提包会在无形当中造成一种障碍。

透过配饰看懂对方

佩戴首饰是一个人装扮的步骤之一，是一套整体造型必不可缺的重要部分。首饰虽然是附属品，但是它同样能够体现出一个人的性格特点。而行为心理学家能够通过一个人佩戴的首饰了解他的性格，从而解读出这个人的内心密码。对此，行为心理学家做出如下总结。

1. 喜欢戴手环的人

此类人精力充沛，很有朝气和活力。他们聪明，充满智慧，并且有某一方面的特长。他们是有追求、有理想的一群人；他们在绝大多数时候知道自己想要些什么，并且会主动去追求自己想要的东西，甚至有时候感到很迷茫也仍旧不会放弃，而是在行动过程中进行探索。手是展示手环的必要载体，在这个展示过程当中，人与人可以进行情感的沟通。

2. 喜欢戴耳环的人

这种人自我表现欲望一般是比较强的。他们很想向他人展示自己的价值、地位和身份，以吸引他人的目光，给他人留下深刻的印象。他们在通常情况下是很在意他人对自己持怎样的态度的。

3. 喜欢戴体积大、数量多且灿烂醒目珠宝的人

这类人多爱招摇和卖弄。他们无论走到哪里，总会吸引许多人的目光。他们比较热情，并且这种热情还会传染其他人。他们比较积极和乐观，喜爱幻想。

4. 喜欢戴体积小且不太显眼的珠宝首饰的人

这类人多是谦虚而又稳重的。他们的内心十分平静，在任何事情面前都能泰然自若。他们一般不太希望引起他人的注意，随便自然一些反倒更好。

当下，越来越多的人喜欢佩戴戒指，戒指也属于造型的一个重要部分。戒指在现代已经不只是结婚时双方承诺一生的信物了，它更多的是人们体现自己个性和风格的一种首饰。行为心理学家认为，一个人手指上的戒指同样可以泄露一个人的内心密码。

1. 常戴结婚戒指的人

戴着结婚戒指证明此人是已婚人士，这表示他对自己的婚姻有一定的投入感及承诺感。

朋友们会觉得这种人婚后一切以家庭为重，将友谊放在较次要的位置。老板可能会觉得这种人没婚前那股干劲，似乎不肯为公司卖力。

婚姻之所以对这种人如此重要，是因为他们有很重的家庭观念，他们认为家庭是一个人扎根的地方，没有家庭的人心灵是漂泊的，容易失去个人的方向感。更重要的是，这种人信守承诺。

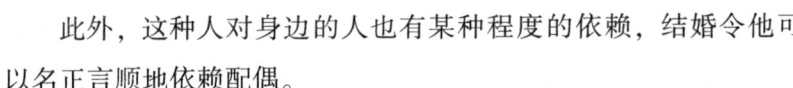

此外，这种人对身边的人也有某种程度的依赖，结婚令他可以名正言顺地依赖配偶。

除了对婚姻制度甚为尊重及支持之外，这种人对社会认可的所有制度都抱着类似的态度。可以说，这种人绝对是个奉公守法的人。

2. 常戴大学纪念戒指的人

有些人大学毕业后，会订购刻有他们姓名和毕业年份的纪念戒指，以纪念他们数载的寒窗苦读。

有些人从未跨进大学的门槛，但千方百计去买名校（如耶鲁、剑桥、牛津、哈佛等）的纪念戒指。他们一方面想塑造温文尔雅的学者形象，另一方面想让人家给予他们对读书人的尊重。

一般来说，戴纪念戒指的人缺乏归属感，他们渴望通过戴纪念戒指在心灵上与学校保持一点联系。这类人特别喜欢成为各种学会的会员，仿佛多重会籍能够帮助他们确定自己真正的身份和地位。

3. 常戴钻戒的人

常戴钻戒的人很想让人知道他是有钱人，同时他也希望他的财富会给他带来尊重及特殊的待遇。

既然这种人赋予金钱如此重要的功能，那么他就难免势利。不过，大体来说，这种人并不吝啬，遇见需要经济援助的人，他会慷慨解囊，但给予别人适当的援助后，他会将此事告诉大家。

4. 常戴生肖宝石戒指的人

对星相学有研究的朋友，知道不同星座的人适宜佩戴不同类型的宝石。星相学上讲，如果将星座与所戴的宝石戒指结合的话，不但会为一个人带来好运，而且还会填补他性格的不足。

这说明常戴生肖宝石戒指的人是个相信命运的人，他觉得许多事情都是冥冥中安排好的。这种信念直接影响他处事的积极性，因为他认为事情的成败并不由自己去操纵。

在人际关系方面，这种人把自己放在被动的位置，就算遇见喜欢的异性，也只是向对方表示好感，却不敢主动追求。

这种人缺乏创业的勇气，他们的野心不大，对生活的要求也并不高，所以也能够知足常乐。

5. 常戴尾指戒指的人

尾指戒指多数镶以名贵的宝石。常戴尾指戒指的人绝对不想有人误会他是装富贵，但又觉得把巨型钻戒戴在中指或无名指上实在没有品位，因此便选择了"中庸之道"。

这种人经常在低调中显露自己的品位，他们喝的美酒不一定是数千美元一瓶的名牌，但肯定属于上好产地的优质货色。一般有钱人身上所穿的名牌货他们根本不会瞄一下，因为他们的衣服是可能由巴黎和罗马的裁缝为他们量身定做的。

一般人觉得这种人为人爽直、不拘小节，但实际上他们对心仪的异性是非常细心体贴的。

对于事业，这种人的野心并不是很大，但求赚来的钱足够平日开支便可。他们不肯做金钱的奴隶，认为工作与享乐同样重要。

6. 戴多只（多于三只）戒指的人

喜欢戴多只戒指的人有强烈的表现欲，经常在有意无意之间让人家知道他的专长。在聚会中，他也喜欢抢着发表意见，希望众人把注意力集中在自己身上。

　　这种人亦有太多方面的兴趣，因此他虽然知识广博但欠缺深度。至于人生目标，他似乎很难决断，时常转换，所以至今一事无成。

　　这种人很容易对人产生好感，甚至爱上对方，但可能只有三分钟的热度，这或许可以解释这种人每隔一段时间便会出现喜新厌旧的闹剧的原因。

第七章　撕破伪装：
让谎言无所遁形

人生就是一场化装舞会，每个人都用面具挡住自己的真实表情。站在你面前的他，是言为心声，还是口是心非？如果你无法辨别，那么，让行为心理学家告诉你。

人们为什么要说谎

莎士比亚在《亨利四世》第一幕中说："上帝啊上帝，这个世界为什么这样喜欢说谎呢？"确实，人们现在哪怕是在一些微不足道的小事上，也会随意地撒谎。但如果多留意一下周围，我们就不难发现日常生活中谎言出现的原因。

有些谎言就是可耻的，无论它的出发点是好是坏，毕竟隐瞒了事实的真相。等到真相大白那一天，说谎者的信誉度一定会受损，其处境当然也很不妙。

既然如此，人们为什么还要说谎呢？

1. 为了保护自己，使自己不受惩罚或者逃避责任而说谎

当不想上学时，常常谎称自己生病了；当玩了通宵，第二天早上上班迟到，谎称是因为等车的时间太长。观察我们日常生活中常见的谎言，自然会发现像这类自我防御型的谎言是很多的，几乎无时无刻不在发生。

人们常常有这样一种倾向，愿意下意识地推卸责任。即使自己要承担的后果并不严重，可仍然会狡辩，并试图将责任转嫁给别人。这是一种自我保护法，也是人的一种本能反应。人们通常是在不知不觉中"自主"地运用这种机制的。

2. 为了得到别人的赞美或者哗众取宠而说谎

为哗众取宠而说谎指的是一些虚荣心强、极爱面子的人经常

做出的一些举动。

有的人本来没有恋人，却谎称自己已有恋人，甚至不惜花钱求人冒名顶替；有的人明明办不到的事情却谎称可以轻松搞定，为此哪怕自己历经万难也在所不惜。他们之所以这么做完全是为了在人前显贵、吸引别人的注意以及想得到别人赞美的心理在作祟。

3. 为了得到某种利益，尤其是经济利益而说谎

在销售领域中，这种做法屡见不鲜。商家往往让消费者进入他们早已经布置好的误区。他们这么做完全是为了取得某种特定的好处，而不惜夸大其词，天花乱坠地推销他们的产品，哪怕被当众戳穿，他们也不以为耻，反而可能会不动声色地说："不都是这么干的吗？又不是就我一家。"

4. 为了不伤及他人的自尊而说谎

在日常生活中，撒谎最多的地方，应该是在处理感情问题上。很少有人会直截了当地对自己的追求者说："我不喜欢你。"一来是顾及对方的颜面；再一个，也显得自己不会太过绝情。所以，经典的回答大多是："我现在不想考虑这种问题。"或者是："我现在只想把工作做好，其他的事以后再说。"

5. 为了迎合对方的心理，违心地说出与真实想法不同的话

这种问题大多发生在女人之间，穿新买的衣服上班，就算这衣服不适合自己，听到的也都是赞美之词。新烫了头发，问别人："好看吗？"得到的回答永远是："好看。"其实别人心里想的往往不是这两个字，但是别人可能永远不会把自己的真实想法说出来。

6. 为避免或者摆脱尴尬说谎

这种现象在有竞争的地方时有发生。上学的时候，一定会有一类同学，每逢考试就说自己之前什么都没看，每天早早就睡觉，结果分数一公布他比谁都考得好。这也算是给自己留下点余地吧！一旦考砸，不会尴尬。

7. 为满足欲望而说谎

当人的某种欲望在一个人的身上无法实现的时候，那么他往往会在另一个相似的人身上补偿回来。这在心理学上有一种专业术语叫"代偿行为"。有很多人选择的结婚对象是和过去的恋人长相十分相像的人，便是典型的例证。

在一定程度上，可以认定说谎的人是内心不够强大的，是一个必须做出某种掩饰的人，他的内心一定有软弱、不堪一击之处。这种弱点让他必须随时提防被揭穿，从而导致其在心理上更加脆弱。

谎言的"开场白"

FBI 在侦破案件的过程中，面对的大多是与案情有关的牵连者。在案子尚未告破前，很难判定哪个人无辜，哪个人有罪。但可以肯定的是，没有谁愿意被案子牵涉其中。每个犯罪嫌疑人都有一个心理替身，帮助自己逃避 FBI 的审问。而这种心理对 FBI 而言，正是可以借助的弱势心理。

FBI 还发现，"撒谎经验"丰富的犯罪嫌疑人经过摸索和总结，形成了比较完整的说谎套路。他们知道如何说，更容易让 FBI 信任自己。识破犯罪嫌疑人惯用的说谎伎俩可以帮助 FBI 的工作人员迅速识别谎言。通常而言，谎言也有适合它的"开场白"。

美国加州西部发生了一起商业绑架勒索案。

阿密特集团主席费德勒的儿子劳伦斯在下班时，去大厦地下停车场取车。途中被人掳走。费德勒晚上接到绑匪电话，要他以最快速度准备两千万美金赎金。要求不许报警，否则撕票。

第二天一早，费德勒到集团的第一件事就是筹集资金。但由于恰逢周末，银行结账期。银行一时之间没有这么多现金，无法周转。需要提前预约才行。这时，费德勒的妻子按捺不住了，偷偷报了警，她认为即使给了赎金，歹徒也难保不会撕票。

一接到报警电话，FBI 很快派探长奥布里带领两位探员赶到费德勒的家里，其中一名探员叫罗巴。

奥布里在费德勒家里装上监听设备，等待匪徒再次打来电话，以便通过监听找到匪徒电话的信号位置。果然，求财心切的匪徒打来电话催促快点筹钱，否则就要撕票。由于通话时间太短，奥布里没有查到匪徒电话信号的位置。

费德勒夫妻俩非常担心，害怕儿子遭遇不测，想用赎金换人。

奥布里对费德勒说："千万不要给赎金！一旦交了钱，恐怕贵公子求生的希望更加渺茫，拿到钱的歹徒恐怕会很快撕票。对方现在拿不到钱，贵公子对他们来说还有用。我们是来帮你的，请相信我们可以救出你的儿子。下次匪徒来电话的时候，你尽量拖延时间。"

所有人都在耐心等待，两个小时过后，电话再次响起。

费德勒慌忙接过电话，匪徒叫他将钱准备好放在某个地点，稍后还有电话指示，费德勒和匪徒周旋了几分钟，似乎觉得声音有点耳熟。警方通过信号对接，录下了匪徒的声音，放了两遍录音，看看有没有线索。这时，FBI探员罗巴发现，费德勒有种惊讶的表情，似乎知道对方的来头。

罗巴对费德勒说："这声音你在哪里听过吗？是不是有点耳熟？"费德勒慌忙摇头："没有，没有……没听过。"

罗巴有点疑惑，问话时，支支吾吾的"开场白"回答，往往是撒谎的前奏。因此罗巴怀疑费德勒知道匪徒是谁。

于是罗巴把费德勒叫到一个角落，对他说："你这样有所隐瞒会影响我们办案。时间已经来不及了，越往后拖延贵公子的危险就会多一分，不要再浪费时间了，把你知道的告诉我。这样才能尽快救出你儿子。"

此时，费德勒的妻子听见他们的谈话，哭哭啼啼地哀求费德勒："如果你知道什么线索，就提供给警方，赶紧救救儿子吧！"

费德勒见已无法隐瞒，终于说了："电话的声音有点像我一个叫伯德温的朋友。我知道他之前欠了不少赌债，亏空了公司所有的钱，近期董事会正要处理他。"

据此，罗巴推测此事与伯德温有所关联，并请求探长奥布里部署行动，让费德勒按照匪徒指示去做。费德勒按照匪徒所说将赎金放在一个垃圾桶，之后要他回家等电话。警方躲在隐蔽的地方紧紧盯着垃圾桶，不一会儿，一个十五六岁的少年准备取走赎金，当场被抓获。

警察将少年带到审讯室由罗巴协助审讯，少年似乎很害怕。

罗巴开门见山地问："是你干的？"

少年战战兢兢地回答，眼神中充满了惶恐与不安："是……是我干的。"

这样的语气，和费德勒回答"没有……没有听过"时如出一辙。罗巴推测，这样的"开场白"是撒谎的开始，少年并不是主谋，只是被利用，帮匪徒拿钱而已。

于是罗巴开始仔细询问，希望在少年口中得知匪徒的线索。少年很紧张，什么话也不说。罗巴安抚道："别害怕，孩子，我知道这不关你的事，说说看，是什么人让你去拿钱的？"少年双手紧握，还是不说话。

罗巴继续说："其实，你无须再隐瞒。你支支吾吾的开场白已经出卖了你。即使你现在不说，我们迟早也会将真正的犯罪嫌疑人绳之以法。到那时，恐怕你连转做污点证人的机会都没有了。况且，你不协助我们破案，我们就无法帮你，保护你的人身安全。说不定你背后的大佬正盘算着如何干掉你，杀你灭口呢。"

少年叹了口气，慢慢地放下了戒心，一点一点地说出了匪徒的外貌特征，以及拿过钱之后放在什么地方给他。套出真话后，警方立即行动，通过少年的描述以及配合，将匪徒抓获，解救了费德勒的儿子，而匪徒正是伯德温。

那么，罗巴是用什么方法收集到匪徒的信息，步步紧逼，找到线索，以及用什么方法让少年与警方合作的呢？

首先，当罗巴发现费德勒神情异常，并且回答问话时的"开场白"不够流利顺畅时，他开始怀疑费德勒肯定知道什么，至少有什么线索可以提供给警方。于是，罗巴暗示费德勒，撒谎是没有用的，对破案没有任何帮助，还有可能害了他儿子，从而让费德勒说出自己所知道的信息。

警方抓住少年的时候，少年因为紧张而不知所措，有所戒备。其回答问题时的"开场白"和费德勒吞吞吐吐的表现如出一辙。罗巴据此推断少年不是主谋，并通过与少年的进一步沟通，告诉他这样做对自己没有任何好处，然后加以善意的言辞安慰，让少年知道自己的谎言不堪一击，从而与警方合作。

其实，在现实生活中，谎言的"开场白"远不止应用于商业罪案调查中。唯有及时击碎谎言者的"开场白"，才能防患未然，避免被骗。

1. 开场白半真半假，真假话混着说

在大自然中，所有的动物都有它自己的保护色，以便不那么轻易地被自己的天敌发现。同理，谎言也有自己的"保护色"。而识别这层保护色最有效的办法就是从说谎者的"开场白"下手。谎言的"开场白"不只吞吞吐吐，而且常常半真半假，谎话里掺杂着真话。说谎高手惯用的伎俩之一就是，用真话掩饰谎话，真真假假，说半真半假的话混淆视听，让听者难以分辨。从而达到迷惑人心的目的。

举个简单的例子，在当今社会里不乏一些追求利益不择手段的医生。这些道德败坏的医生明知自己的病人得的是无药可医的绝症，却添油加醋地将病情讲给病人听，借机推销自己的药物，很可能这些药是你闻所未闻的，但医生却能举出某某病人吃了此药大病痊愈的例子来。治病心切的病人或其家属很难从中分辨，哪句是真，哪句是假。往往为了治病不顾一切，花再多的钱也心

甘情愿，殊不知自己无形中花了冤枉钱。

2. 开场白亮出"私心"，丑话说在前头

行为心理学家发现，那些善于说谎的高手，往往也是善于观察人心、洞察人性的心理学家。至少，他们多少都懂得点心理学。这些犯罪嫌疑人知道如何利用对方的心理。例如，他们往往在"开场白"中便直截了当地亮出自己的"私心"博取信任。事实上，这只不过是他们假的或很小的"私心"。开门见山地说出来只是为了掩饰自己真实的心理或更多的"私心"，这一部分，他们是不会说的。

例如，导游带团到商场购物，通常会主动告诉游客，他们每买一件东西，自己都可以拿到提成，但只有1%而已。这对游客来说，比起那些到处"宰人"还满口谎话的导游，眼前这名导游已再仁慈不过了，所以根本不会有抵触情绪，照常购物。游客们不知道，其实这位导游每件东西都可以拿到5%的回扣。这位导游正是利用了开场白率先亮出了自己的小"私心"，换取了游客信任，从而获得更大的利益。

3. 开场白自我贬低，先抑后扬

很多人觉得，那些整天自吹自擂、口若悬河的人更容易撒谎。实则不然，高明的说谎家反而会与此相反。在开场白中故意自我贬低，目的是先抑后扬。这样可以在最初最大限度地降低对方的防范意识，更容易获得对方信任。等到博得信任后，才开始搞"大动作"。

不管是哪一种开场白，在经验丰富的FBI的探员面前都没有生

存的空间，因为 FBI 的探员会将那些掺杂了谎言的开场白一一揭穿，不给犯罪嫌疑人撒谎的机会。

心虚一定会从脸上表现出来

中国有句俗话："上有政策，下有对策。"当人们以微反应科学和心理科学对人的动作、表情进行研究的同时，骗子可能比我们更想了解这些知识，因为这些知识能帮助他们进行一些"反侦察"的行动。

中国自古就有句俗语——"喜怒不形于色"，意在提醒人们控制自己脸上的情绪。就好比当人们知道"人愤怒时会脸红"这个普遍规律之后，就会有人刻意在生活中控制自己的反应，不让别人通过自己的身体语言知道真相。因而，人的面部表情是可以撒谎的，但是，同时通过最细微的观察你会奇怪地发现，明明同一张脸竟然会同时做出两种反应，一种是诚实，一种是撒谎。

在人际交往中，人们经常运用脸部表情来伪装自己头脑中真实的想法。因为脸部表情的动作具有生物性与社会性两重特征，它一定会有两种反应，一种是不由控制的本能反应，另一种则是人为制造的表情。辨别人是否生气最容易的方法就是看嘴唇是否变薄，嘴唇的颜色是否变淡，但嘴唇并不会随着颜色的消退而变薄。假装生气而产生的嘴唇变薄，往往是故意造成的。

另外，人的面颊是最容易看出变化的部分。其中，最明显的是变红和变白两种变化。

在害羞、羞愧或尴尬等心态的支配下，人的面颊经常变红。脸红也可能是代表对方在生气，但人在愤怒时，面颊是转眼间通红，而不是一点点由内自外地渐变。当愤怒中的人们在竭力控制自己的怒火和克制自己的冲动行为时，他的面颊的肤色反而会变得苍白，而当人们受到意外的惊吓，面颊肤色也会发白，但那种白略微带一点青色。

面颊肤色的变化是由自主神经系统造成的，是很难通过人为的努力就能掩饰的。但也可能是所要隐瞒的正是羞愧或惊恐本身。

另外，与表情时间长短有关的三个数据也能帮助人们判断谎言，即表情停顿的时间、表情开始到结束所用的时间和表情消失时所用的时间。

在脸上停顿时间过长的表情一般都是假的，如10秒钟及其以上。有的时候我们会在电影电视中看到一些夸张的表情，那都是非常不现实的。在现实生活中甚至停顿5秒钟的表情都不是真实的。除了一些有些极端的情绪感受。如大喜大悲、欣喜若狂、勃然大怒、悲痛欲绝等外，所有真正自然的表情都不会持续4到5秒钟，几乎说是转瞬即逝。而且，即使是非常激动的情绪，其表情也不会持续太久，而是短促地出现。

表情起始及消逝时间的长短并无明确标准，因而，不要墨守成规地进行判定，因为人与人之间是有差别的，比如惊讶的表情，真正的惊讶其起始时间、停顿时间与消逝时间都非常短，加起来还不到1秒钟。

可以说，脸部是说谎者最容易作假的部位。这确实给判断一个人是否说谎带来了不少麻烦。研究表明，充满信任感的听众往往注视的是对方的脸，而不是身体的其他部位。因此，既然脸部

的骗局最难被揭穿，作为听者，则不妨更多地注意说话者的声音、眼睛和手势，用多种手段去辨别真伪。

很多说谎者都懂得研究人的心理，他们往往巧舌如簧，而且具备不俗的演技，伪装工作做得很好。但是，假的永远是假的，就好比既然是贼，就没有不心虚的。

言语难以包装真实的内心

两小时前快餐店发生一宗枪杀案，涉嫌恐怖组织，警察抓获了一名当时正在厕所内的疑犯，同时在水箱中搜获一支手枪。

警察说："完事儿后你在厕所藏匿凶器？"

疑犯说："没有，什么凶器啊？莫名其妙！"

警察说："那你的手放在水箱上干什么？"

疑犯迟疑一下，说："我进去上厕所时，不小心滑倒了，手就碰到了水箱盖子……"

警察说："你进去已经有1分钟了，手怎么还扶在水箱上？"

疑犯说："你要相信我啊，我不小心滑倒了，腿又受伤了，想扶着水箱按摩一下……"

警察说："你不要再解释了，我们已经对那只枪进行了检测，它射出的子弹完全跟一个小时发生的一宗劫案的弹头吻合，所以我们怀疑你是在杀人后去厕所藏匿凶器的。"

疑犯顿时神色慌张，蹦起来言辞激烈地说："没有啊，你们肯定搞错了，我没杀人啊，我真的没有杀人啊，我只是收了别人

2000元，去拿那把枪啊……"

这时，在场的警察都笑了："原来如此啊！"

警察在短短几分钟内就拿到了口供，靠的就是对罪犯言辞模式的分析，让他在情急之下自己说出了真相。其实上述案例中涉及我们常用来识谎的几种言语模式。

当我们为表达自我所使用某些字眼时，言语模式为我们提供了一个透视内心真实情感的窗口。当我们打算欺骗别人时，我们会使用自己认为可以产生真实效果的特定字句、措辞与句法结构。对此，行为心理学家做出了如下总结：

1. 直接引用别人的话回应

当警察指控疑犯时，由于他毫无准备，惊慌错乱，来不及思考，就会套用对方的话，直接否定回答。这是为防止别人怀疑而最快速做出反应的方法。你可曾注意到，当你心不在焉时，你是如何应对一般的社交礼仪及客套话的？早上，你走进办公室，其中一个同事对你说一声"早安"，你也回他一句"早安"；如果那位同事对你说"嗨"，你就回一声"嗨"，其实你根本没兴趣用大脑想，就照着他的话做回应。

2. 越描越黑

通常情况下，一个人如果说的是实话，那么他是不会在乎是否会被人误解的；相反，如果他竭力为自己开脱，那就是在掩饰自己内心的事实。

例如：当海伦问彼得在学生时代有没有作弊时，彼得可能回答"我没有"。而如果他真的作过弊，却要说服对方相信他没有，

他的回答可能会更明确、更斩钉截铁："我考试从不作弊。"当然，确实从未作弊的人也可能会有相同的回答，所以必须考虑这个回答与当时交谈内容的前后关系，以及与其他线索之间的关联。如果某人强调他绝不会改变心意，这表示他其实摇摆不定，会受影响而动摇。他知道，只要告诉你"不会改变"，你就不会再提出要求，否则他一定会投降。

3. 说溜了嘴的"真相"

上述案例中，当警察告诉罪犯已经证据确凿时，罪犯急于为自己辩解，而不小心把事实真相说了出来。这就是下意识地泄露，表达了他内心的急切、真实的感受和意图。例如，苏珊原本要对老师说："我真的很用功、很努力，我花了一个晚上才把功课做完。"结果由于心慌却说成了"才把功课抄完"。

语言的表达方式也直接暴露了对方的内心状态，通常一句话中强调的字词不同、语速不同，往往所传达的意义也完全不同。

4. 声调速度

说谎者由于承受着极大的压力，思想而处于紧绷状态，声音会下意识地提高，但音调平平，缺乏抑扬顿挫。同时，反应的速度可能比平时要慢很多。尤其是涉及态度或信念等一些抽象的问题时，对方的回应速度更关键。

例如，问一个人有没有种族偏见，或与某些人共事、为某些人服务是否会感到不自在。回答者花越长的时间回答"没有""不会"，那么越有可能在说谎。因为存有偏见的人需要较长时间考虑问题之后才说出答案，他们试图说出听起来似乎更"正确"的答案。

5. 反应过度

当你在怀疑某人的言行而直接提出自己的看法时，对方会直接挂掉电话或言辞激烈、怒气冲冲地反驳，这说明他在试图通过这种方式来掩饰自己的真实想法，才用这种有挑衅意味的表达方式来强化他的立场。

6. "我才不会做这种事"

当你问某人：关于昨天的谈话，你说的都是真的吗？如果你得到的答复如下，就得留心了："当然都是真的，我绝对不会骗你。你知道我对说谎这种事很反感。"或者如以下的对话："你可曾盗用公物？""没有，我认为盗用公物是最糟糕的一件事，我不会做这种事。"又或者："你可曾骗过我？""你知道我痛恨类似欺骗这样的行径，这种行为很缺德。"

说谎者在找不到任何有力证据时，为了证明自己清白无辜，常会提出虚构的信仰理念，以使别人明白他的坚定和所谓的人品。其实则不然，坚定的外表下隐藏着一颗很有城府的心。

刁钻的盘问让说谎者无言以对

刁钻的盘问能够有效地打乱说谎者的阵脚，特别是一些刁钻至极的问题，往往如同无形的匕首，能够迅速地击溃说谎者的心理防线。

在某件严重伤人案的审理过程中，几封据称是原告的女儿写给被告的信引起了疑问。原告的女儿坚决否认自己写过这些信。而被告的辩护律师把盘问焦点锁定在这些信件上，并请求著名的字迹鉴定专家作证。在法庭上字迹鉴定专家证明曾仔细研究过这几封信，并比对过笔迹，证明这些信件确是原告的女儿所写。被告的辩护律师见此，便想再提供一些信件作为证据，精明的检察官对字迹鉴定专家询问了若干问题。

检察官问："专家先生，据我所知，您只拿到一份这位女士的真正笔迹，而您就以这唯一的物证下结论，不是吗？"

字迹鉴定专家回答："是的，检察官先生。我只看到过这份笔迹，不过这封信很长，给了我充分的机会去比对。"

检察官问："但是如果有更多的信件让您做比对，是不是意味着结果会更准确一些呢？"

字迹鉴定专家回答："噢，那是当然！我手里的样本越多，我的结论就越有价值。"

于是检察官从纸堆里抽出一封信，遮住签名部分，交给字迹鉴定专家："那么您能否看看这封信，告诉我们它是不是出于同一人的笔迹？"

字迹鉴定专家仔细地检视了几分钟："是的，检察官先生。我敢说这是同一种笔迹。"

检察官不置可否地问道："那么，一个人在不同的情况下，用不同的笔，不是会写出不同的字迹吗？"

字迹鉴定专家回答："噢，是的，先生，它多少会有些差异。"

检察官从他的资料夹中抽出第二封信，同样遮住签名部分，交给字迹鉴定专家："麻烦您看看这封信，然后和其他信件比较一下。"

字迹鉴定专家仔细查看了该信件之后，回答："是的，这是同一种笔迹的变形。"

检察官问："您愿意告诉我们说，这是出于同一人之手吗？"

字迹鉴定专家答道："是的。"

检察官从他的资料夹中抽出第三封信，同样遮住签名部分，交给字迹鉴定专家："很抱歉这样打扰您，麻烦您再看看这份样本是不是这位女士的笔迹？"

字迹鉴定专家很仔细地检查它，他离开证人席，走向窗户，然后有些不自信地回答："是的，先生，你知道我不敢说这就是事实，这只是我的意见而已。"

检察官很和蔼地说："我当然了解。但是，就您的专业而言，您是否诚实地认为，这三封信都是同一种笔迹？"

字迹鉴定专家点点头回答："我敢说是的，这是我诚实的意见。"

检察官说："那么，先生，您是否可以掀开第一封信上我刚才遮住的签名部分，告诉我们的陪审团上面的签名？"

字迹鉴定专家打开信看看，很得意地念："伊拉·罗姆（原告女儿的名字）。"

检察官说："麻烦您打开第二封信，将名字念出来。"

字迹鉴定专家打开信看看，慢慢念道："威利·荷迪克（原告的名字）。"

检察官说："现在请您将第三封信作者的名字念出来。"

字迹鉴定专家打开信看，有些犹豫，很难为情地念道："弗瑞兰·埃迪森（被告的名字）。"

检察官通过巧妙地盘问，证实字迹鉴定专家的证词不可信。自此被告的辩护律师便绝口不提这几封作为证据的信件了。

刁钻巧妙的盘问能够最快地戳破谎言。但要做到这一点，需要将多方面的能力与素质结合起来。杰出的盘问者需要有出众的天赋、逻辑思考的能力、清晰的常识、无穷的耐心和自制力、透视人心的直觉能力、从表情判断他人个性的能力、察觉他人动机的能力、强而准确的行动力、丰富知识以及一丝不苟的细心谨慎，还有最重要的是具备通过盘问发现对方"证词"漏洞的本能。

1920 年，著名犯罪学家沃·里斯特教授就在其课堂上安排了一场试验。一个高年级的学生和一个低年级的学生发生了争吵，高年级的学生突然取出手枪要射击对方，低年级的学生奋力抢夺手枪。突然，枪走火了，所幸的是没有人中枪。几分钟后，沃·里斯特告诉受惊的学生们，他们有义务向警方提供证词。结果沃·里斯特发现，学生的证词平均发生80%的错误，情况最好的一位学生也有26%的重点细节发生错误。沃·里斯特导演的试验告诉我们，即便是目击证人，其证词的可靠性也有待于检验。

证词的真实程度往往受其道德品质、正义精神、所处环境、情况来源、辨识能力、文化程度、年龄大小以及与当事人有无利害关系等多种因素左右。即使是最诚实、最善良、最有正义感的证人，他的证词也可能与事实不吻合，因为人是通过自己的感觉器官来感受一定的事实，并将其保留在记忆中，然后才回忆和反映出来的。而证人的视觉、听觉、味觉、嗅觉、触觉、敏感性、观察力、感受力、辨别力、记忆力等生理和心理特性，都不可避免地影响其证词的可靠性。

在盘问过程中，要善于发现对方的异常表现，还要注意揭露对方陈述中的逻辑矛盾。不能等待对方陈述出现错误，而应该主动出击，围绕着诸如何时、何地、何职、何人、何因、何事、何果、何种行为方式、有何特别细节以及证据来源可靠性等问题展开不断的询问。面对这种"狂轰滥炸式"的盘问，笨拙的人在作伪证时常会以不同的方式露出马脚：特别的声调变化，茫然的眼神，紧张扭动的身躯，尤其是对一些与其身份不符的语言的使用。

通过连番盘问之后，有些说谎者往往会陷于自相矛盾的困境，还事实本来面目。而巧妙又有力的发问可以直接影响侦讯的气氛，使对方压力大增，而自己则主动地把握了争议点，这将有利于更进一步了解事实真相。

当然，盘问不能乱问，每个问题都需要经过理性思考，这样才能保证收集到有效的信息和证词。对不同的证人要使用不同的询问方法，根据不同证人的性格、职业、习惯、爱好、修养、意识偏好、政治主张、年龄、出生地等因素实施有针对性的询问策略。

不经意间的动作，往往是谎言的漏洞

弗洛伊德说过："任何一个感官健全的人最终都会相信没有人能守得住秘密。如果他的双唇紧闭，而他的指尖会说话，甚至他身上的每个毛孔都会背叛他。"

我们不妨做个简单的实验：面对面地告诉别人一个精心编造的谎话，同时有意识地抑制所有的肢体动作。你会发现，即使你控制住了比较明显的肢体动作，但是无数细微的动作仍然会下意识地冒出来。比如身体不自然的绷紧或细微的抖动，眨眼的频率从每分钟 10 次增加到每分钟 50 次等，所有这些细微的身体反应都显示出你在撒谎。

很多人用花言巧语来欺骗别人，但是他的身体已悄无声息地暴露了自己。因此，这就需要我们掌握更多的身体线索。为此，行为心理学家做出了如下总结：

1. 身体不会说谎

我们在跟一些朋友相处时，当需要征求他的意见或看法时，他手脚贴近身体或是交盘着，而不是向外伸展，这说明他是有所保留的。他之所以这样是因为他较强的防卫心态，如果对方充满自信，那手脚自然会伸展开。因为当人们缺乏安全感时，就会下意识地缩成胎儿状，以保护自己。

2. 抓挠耳朵

查尔斯王子在步入宾客满堂的房间或者经过熙攘的人群时，

常常做出抓挠耳朵和摩擦鼻子的手势。这些动作显示出他内心紧张不安的情绪。然而我们从未在照片或者是影像资料里，看到查尔斯王子在相对安全私密的车内做出这些手势。

当我们在看到别人抓挠耳朵（摩擦耳郭背后、拉扯耳垂或掏耳朵）时，都是在掩饰他们内心的紧张和不安，借此来平衡内心的情绪。

3. 快速地耸肩

西方人爱用耸肩来传递一种信息：我不知道或我不在乎。但是如果你看到对方耸肩的动作非常快，这表明他希望通过这种方式来平衡自己的语言，让别人相信自己所述的。其实他根本就是在掩饰自己的真实想法，所以会情不自禁地快速耸肩。

4. 抓挠脖子和拉拽衣领

德斯蒙德·莫里斯研究表明，抓挠脖子和拉拽衣领是经常在说谎者身上看到的动作。因为撒谎者虽然话语平静，但是心里充满不安，就会使敏感的颈部神经组织产生刺痒的感觉，于是会不自觉地就会抓挠脖子，拉拽衣领，同时因为他们很紧张，怕谎言被拆穿，所以也通过这个动作来"自我安抚"。

当对方口头上说"我非常理解你的感受"，同时他却在抓挠脖子，那么我们可以断定，实际上他并没有理解。因为他说的和做的手势完全不同，矛盾表明得就更明显了。

在谈话交流中，我们要善于运用上述线索来观察对方的下意识动作，以此进一步判断对方当时的心理状态，如果发现他说的和做的截然相反时，我们就要提高警惕了。当然了，也不必要揭穿，沉着应对，继续交谈，才会了解更多有利信息。

透视空间距离，有效避免被人蒙蔽

瑞德的情人凯瑟琳被杀，警方将凶犯锁定在了瑞德身上。在审问瑞德时，他矢口否认，并声称他们根本不认识。不过，警方很快找到了一些他们二人之间曾有过接触的录像。

录像中，瑞德与凯瑟琳共乘电梯，看似陌生人，但从很多方面观察可推断他们二人有很密切的关系，于是警方就以个人空间距离为线索找到了突破口。

警方说："首先，凯瑟琳很轻松地交叉腿靠向瑞德站的那一边，这样的站姿表示旁边有一个人很值得她信赖，她觉得很自在，很安全；另外，凯瑟琳的身体偏向瑞德那一边，说明他们关系亲密，她对那个人有偏爱。

"其次，他们的站位说明他们之间的关系非常亲密。在乘坐电梯时，如果只有两个陌生人，那么他们会尽可能地保持最大的距离。但是他们二人却靠得很近，小于45厘米，已经侵入了各自的私人空间。侵入亲密空间而各自都很坦然，这只有在情侣或亲朋好友之间才会出现。在电梯中，瑞德与凯瑟琳虽然装作不认识，但根据这些我们足以断定他们的情人关系。"

上述情景中，警方利用了人的空间心理：当一个人到了一个陌生环境，为了找寻安全感，他往往会靠墙站立，而且会尽可能地与他人保持最大距离。

如今，有很多女孩儿哭诉，抱怨自己的闺蜜成了自己的情敌，当知道时却为时已晚了；还有一些人在生意红红火火时，最好的朋友却背叛了自己，后来才发现，朋友一直都是和自己貌合神离。同类的事情还有很多，其实，掌握一些空间距离的心理，你可以通过空间距离来透视与你交往的人们的心理，拆穿他们的谎言，那么就可能避免心灵的伤害。

通常情况下，当两个人拥抱时，胯部距离会暴露出他们真正的亲密程度。一般情况下，情侣们在靠近彼此时，习惯紧贴着彼此的身体，以此显示对恋人的亲密。但如果是出于礼节性地拥抱问候时，我们的骨盆部位的距离都会保持在 15 厘米以上。如果有人说：我跟她根本不熟悉。但在做礼貌性问候或告别时，身体毫不忌讳地紧贴着对方，那么就可以断定他在说谎，他们之间至少有暧昧之情。

人与人之间有四种空间距离：第一种是公众距离，相距有 360 厘米这么远；第二种是社交距离，就好像我们隔着桌子这样的距离，在 120 厘米到 360 厘米不等；第三种是个人距离，在 45 厘米到 120 厘米之间。在条件允许的条件下，45 厘米是彼此陌生的两个人之间最低限度的距离，低于这个距离，那么彼此之间就会感觉不舒服；第四种是私密空间，在 45 厘米以下，可到达零距离。

在这几种空间距离中，只有与我们特别亲近的人或动物才能进入各自的私密空间，例如我们的恋人、父母、配偶、孩子、密友或宠物等。如果是陌生人，除非在人多拥挤的情况下，否则都会保持在个人空间距离之外，甚至更远。

拥有属于自己的一席之地是我们内心最深处的渴望之一。正是这种渴望让我们获得了我们所需要的个人空间。审讯员在审问罪犯时，就常常采用入侵个人空间的技巧来摧垮犯人的抵抗心理。他们让犯人坐在硬邦邦且没有扶手的椅子上，让犯人身处空荡荡的房间中央，并不断地接近犯人的个人空间，甚至是私密空间，直到犯人肯老老实实回答问题为止。

其实，在生活中我们也可以借用这种技巧达到自己的目的。如作为老板，我们可以偶尔侵入下属的个人空间，在气势上压过对方，从而让对方在心理上服从于你。如果是一对恋人，那么在正式确立关系之前，你不妨试探性地进入对方的私密空间，如果在你靠近时，对方急忙后退并与你保持一定距离，那就说明你的亲密试探遭到了拒绝。反之，如果对方站在原地没动，而且也尝试地靠近你，说明对方对你有好感。

透视空间距离，不仅可以识破谎言及时避免被人蒙蔽，还可以了解无形无声的信息。同时，注意不断地调整自己与别人之间的空间距离，会加强彼此间的和谐关系。

酒后吐的都"真言"吗

俗语里面有一句"酒后吐真言"，从古至今，许多人都把这句话信奉为箴言，其实这句话有非常值得商榷的余地。因为酒精促进了血液循环加快，人的血液一旦沸腾，那么自然比平时要勇敢很多，也就有了说出事情真相的勇气。然而，生活中还有一种人，往往会在这种时候，说的不是"真言"，有的甚至会胡言乱语，已经达到了吹牛的地步。因此，对于这句话，也要做到因人而异，一定要先考量好对方平日的表现，仔细推敲，认真判定，才可以确定对方说的到底是实话还是天马行空的酒话。

　　顾荣是吴国吴县（今江苏苏州）人，他家是江南一带望族大姓。西晋"八王之乱"中，齐王司马同曾一度专权，招聘顾荣为王府主簿。顾荣从齐王同擅权骄恣、目无纲纪的行为中，断定他终将败亡，因此担心自己受到株连，想离开齐王府，但是，又不敢直接向齐王辞职。于是，他终日喝酒，不理府事，想用这个办法让齐王主动辞掉他。

　　顾荣将自己的苦衷告诉了好朋友冯熊。冯熊为帮助好友，就找到齐王的长史说："当初让顾荣当主簿，本来为的是甄拔人才，委任事机，不再计较南北士人的亲疏，想以此平缓天下士人的心意。可是，顾荣整天狂饮，不务正业。齐王府家大业大，事务繁多，应该选拔一名称职的主簿管理府政，为齐王解除后顾之忧，不能让顾荣这样的酒客再占据这个职位了。"长史说："你说得很有道理。可是，顾荣是江南望族，任职时间又不长，不便轻易撤换他。"冯熊说："可以调他担任中书侍郎。这样，顾荣既不失清显之名，王府又可以更换一名既有真才实学又能勤政实干的主簿。"长史同意冯熊的意见，向齐王同汇报后，就调顾荣任中书侍郎。从此，顾荣在工作时间不再喝酒了。有的人提醒顾荣说："先生为什么以前长醉而现在却这样清醒呢？"顾荣恍然大悟，于是，又像先前那样狂饮不止。时间长了，顾荣的行为引起齐王的不满和厌弃。等到齐王同被诛杀，顾荣不但没有受到牵连，反而因为声讨齐王同有功而得以升迁。

精明的人，能够善于利用酒后之言来达到自己的目的。

温峤是东晋人，为人聪明善良，对待家人和乡亲都非常的好，在当地属于人见人夸的好孩子。

晋明帝登基以后，温峤才年满十七，就已经涉足官场，官职侍中，凡是和朝廷有关的机密，一般的情况下，晋明帝都找他来听取意见。温峤本身就是栋梁之才，又非常得皇上的宠爱，可这样一来，他自然会遭到权臣王敦的嫉恨。王敦给皇帝上书一封，要升温峤为左司马，温峤当时立即就分辨出这是王敦使用的计谋。

王敦那时候经常找借口不上朝，对皇上也表现得相当不放在眼里。温峤好言相劝，可王敦都不予采纳不说，还蛮横无理地进行反驳。

温峤当时心里也是顾虑重重。王敦多行不义必自毙，而自己跟着他，势必受到牵连，不如早日离开他的身边，这样还能安全点。王敦当时有个心腹叫钱凤，王敦对他的话几乎是言听计从，因此，温峤人前人后无不对钱凤以礼相待，每次都夸得钱凤喜上眉梢。

机会总是给有准备的人。当时的丹阳也就是今天的南京，需要人才，温峤直言不讳地对王敦说："这种官职说大不大，说小又很重要，您必须要安排一个极度信任的人去，钱凤就是不二人选。他为人忠诚，对您也是实心实意。"而钱凤不知是计，也出于礼貌极力地对王敦说："要不就要温峤去吧，他的为人也是极好的。"其实这样一说正中了温峤的下怀，而王敦自然不知是计，哈哈大笑说："你俩都是我的爱将，那么就让温峤去算了，你依旧留在我的身边。"温峤心里不禁暗暗高兴起来。

温峤不想功亏一篑，于是设计了一套情节，在王敦给他送行的宴席上，他故意装醉，打掉了钱凤的帽子，对着钱凤大呼小叫，说自己现在如何如何，你钱凤应当甘拜下风，所以，你必须要敬我喝一杯。钱凤当时恼羞成怒，王敦反而觉得这是温峤刚当上官，难免得意忘形，反而在心里原谅了他。

温峤在临走的那天，仍然担心王敦中途变卦。他故意哭得鼻涕一把眼泪一把的，数次往返，只是不愿离去，嘴里说自己舍不得离开王敦。当时王敦听了也很感动，催促他快走，不要耽误了时间。就这样，拖拖拉拉数十回，温峤才依依不舍地离去。钱凤感觉这里有问题，对王敦说："您觉得温峤是不是有什么计谋？"王敦不高兴了，说："你这个人怎么如此小肚鸡肠，就因为昨晚温峤失礼于你，你今天就在背后说他的坏话？我看你才是不安好心。"后来王敦果然出事了，而温峤却做到了明哲保身。

上面的两个例子是讲如何借酒装疯保全自己，而对方则是因为轻信了其酒后之言才会上当。

当然，还有一种情况就是对方真的喝醉了，那么你就要根据当时的情况来分辩他语言的可信度了。

生意场上有不少人必须借着酒精的刺激来促进彼此的往来，在我们周围也不乏原来滴酒不沾的人，在工作了数年之后变成了杯中高手。

既然喝醉酒不能避免，如何守住自己的本分是喝酒的人感到棘手的问题。在商业往来中，希望以酒精来洗去彼此沉闷心情的不只有自己一人。大家都希望能够去除对方的心理武装，深入了解对方内心的真正想法。在这种情况之下，我们既要能够包容对方的失态，更要避免自己失态。

对于微醉的人，由于其头脑依然十分清楚，所以其言行并没有受到酒精的干扰，这种人看似当时神情亢奋，然而他的思想还并没受酒精的控制，而此时一般能见到此人的话语颇为频密。如果谈话者本身就是一个心思缜密、不善言谈的人，如果喝到这个时候，表现的话多而密，并且明显开始热情起来，那么，这个时候他说的话基本就是真话；而如果有的人本来就天性热情，酒精还未发挥作用，已经开始了不着边际的言谈，那么他以后所说的话，也都不必采信，因为他说的一定是不靠谱的话。所以说，酒后吐真言的人不是不存在，而是要靠我们的思维去辨别。

说谎时，表现出异常的语言行为

一名年轻女子临时被公司要求加班，加班结束后，她走出公司没多远就遭到了一名男子的非礼。可是由于女子大声呼救引来了路人，所以男子没有得手。女子报警后，警方从女子和当时的目击者口中得知，这名男子穿着西装，个子很高，身材偏瘦。由于男子从后方抱住了女子，女子没能看见他的脸，但女子告诉警方一个重要信息，该名男子的身上有一种男士古龙水的香味，她似乎在哪里闻到过，但一时想不起来了。根据女子提供的线索，警方推测男子与女子相识，而当天女子临时加班到很晚，这名男子既然知道她下班的时间，那么应该是与她同公司的人。

第二天，警方来到女子所在的公司，首先对与女子同一天加班的五名男子进行了调查，先排除了两名个子比较矮的，又排除了一名身材比较胖的，剩下的两名从离开公司的时间上来看，都与女子遭遇非礼的时间有很大出入。但是警方注意到，其中一名男子经过身边时，他隐约闻到他的身上有古龙水的香味，于是试探道："你喜欢用古龙水？"男子点头承认。警方又对男子提了几个问题，每一个提问都表示他非常怀疑该男子，该男子显得有些不耐烦，于是故作轻佻地说："开什么玩笑，我怎么可能对那种既没身材又没长相的女人有兴趣呢？"

警方在调查时并不曾说出受害人的身份，只提到昨夜附近有一名年轻的女子遭遇了非礼，希望附近的单位配合调查，男子又是如何得知受害人身份的呢？很明显，他就是非礼女子的人。

在警方的咄咄逼问下，他终于承认非礼女子的人确实是他。那天他故意留下与女子一同加班，并比她提前一小段时间离开，之后一直躲在一个角落里。等女子走出公司大楼后，他便尾随其后，最后实施非礼。

在很长一段时间里，警方想要得到一些犯罪分子在说谎时最直接的语言证据。根据大量的研究分析，警方认为最有价值的、能直接证明在说谎的语言证据，就是一些异常的语言行为表现。然而，实际上这些语言证据因为比较直接和明显，对极为精明的说谎高手而言，通常能够轻而易举地做出掩饰。但是，在大量的侦讯过程中，警方发现这样的说谎高手只占极少数，大多数的犯罪分子都没有想到这些语言上的异常表现正在泄露他们的秘密。

根据一些研究发现，很大一部分说谎的人在说谎时总是会不自觉地扯开嗓门慢条斯理地讲话。尽管他们讲话的速度并不是很快，似乎有条不紊，但他们总免不了出现一些口误。为了尽量帮助自己整理谎言的条理性，弥补谎话的漏洞，他们通常会利用一些语言上的小技巧，比如重复句子帮助自己回忆之前说过的话，或者改变话题以混淆倾听者的耳目。有些人在说谎时还会反复地说"嗯、啊、哼、哈"之类的词。在说谎的时候，他们还经常会在谈话中卖关子，以减少露馅的可能性。

说话的速度也可以提供一些有关于说谎的线索，通常是以不同于这个人平常说话的方式出现的。一般来说，着急的、说话快的人在说谎时，往往会放慢说话的速度。然而，那些通常说话不着急的人在说谎时，一般会说得比平时更快一些。

经过大量的研究分析，行为心理学家认为在说谎时有一些语言上的异常行为具有共性。似乎所有的说谎者都会选择这样做，以降低谎言被揭破的风险。对此，行为心理学家做出如下总结：

1. 与自己无关

说谎者在叙述的过程中，很少提及自己的事情，似乎想尽力地将自己从事件发生的过程描述中剔除，而他们基本上不提自己或别人的姓名。有心理学家特别指出这一点，人们在说谎时会自然地感到不舒服，他们会本能地把自己从他们所说的谎言中剔除。事实上，很多犯罪嫌疑人在还没有被指控之前，描述虚假的案件发生经过的时候，也会在话语中淡化自己的形象。

在日常生活中，你也可以感受到说谎者的这一特点。如果你向某人提问时，他总是反复地省略"我"，他就有被怀疑的理由了。当你问朋友，昨晚为什么不来参加约定好的聚会，他或许会抱怨说："唉，汽车抛锚了，因此不得不等着把它修好，等车子修好之后，却发现时间已经来不及了。"他会用"汽车抛锚"代替

"我的车坏了"。撒谎者往往较少使用第一人称，比如"我""我们"等代词，而较多地使用第三人称，如"他""他们"等。这可能是撒谎者让自己和谎话保持距离的下意识手段。

撒谎者也很少在谎言中使用事主的姓名。在叙述中不直呼其名，而使用代词，如"他""那个人"等，在语言上拉开距离，通常是厌恶、试图隐瞒的表现。比如莱温斯基丑闻事件发生之后，浪漫多情的比尔·克林顿在向全国讲话的时候，几乎没有使用"莫妮卡"这个名字，而是这样说："我跟那个女人没有发生性关系。"

2. 重复之前说过的话

在回答问题的过程中，说谎者的回答往往是对问题生硬的重复，或者在描述虚构事件时，不时地重复一些之前说过的话。比如妻子问丈夫："你去过她家吗?"丈夫回答："我没有去过她家。"这样的回答是对问题的生硬重复，妻子不知道其实这就是丈夫心虚的语言表现。

在描述虚构的事件时，说谎者为了不被他人识破谎言，不得不加深自己的印象，以免在不经意间遗忘之前说过的事情。因为没有真正经历过而仅凭思想虚构的事情，很容易被遗忘或者出现逻辑混乱、不合理的问题。重复一些情节的描述，有助于说谎者巩固自己对谎言的记忆，同时，也有助于弥补谎言的漏洞和破绽。

3. 注重细节

说谎者叙述谎言从不忘记细节，他们往往会将一些细节描述得淋漓尽致。行为心理学家认为，事先预备好的谎言，一旦碰到机会，就会被详细完整且迫不及待地表达出来；而实话常常带有

对细节的修正。

如果你问与自己共同生活的人，两天前的晚上从下班回家到上床睡觉这段时间内，他们都做了些什么事情。你会发现他们在叙述过程中总是会犯一些细节上的错误。这是因为人们要记住一个时间段的所有细节是很困难的。

人们很少能记住所有发生的事，而人们会努力将所有发生的事情描述出来，为了理顺思路，通常会反复纠正自己。人们会说："我回家，然后坐在电视前——噢，不是，我先给同事打了个电话，然后才坐在电视前面的。"这样的情况才应该是比较正常的事件描述过程。

但是，说谎者在陈述时往往不会有这样的表现，因为他们已经在头脑的假定情景中把一切都想好了，他们只要将编好的故事背出来就可以了。他们绝不会说："等一下，或许有个地方我记错了。"然而，恰恰是在陈述时不愿承认自己有错误暴露了他们在说谎。

4. 说话停顿或不正面回答

从回答问题时的停顿时间，或者不肯正面回答问题的反问回答方式，有时可以判断对方是否在说谎。面对讯问，说谎者开始通常会拐弯抹角。当你提出一个问题时，他一般都不会立刻作答，而会停顿几秒钟之后，再说出他的答案。注意，这停顿的几秒钟，事实上往往是一番权衡较量的时间，也可能是编造谎言的时间。他的心中或许不只有一个答案，因此他在比较，该说哪个更合适。当你向某人索要一个答案，如果对方迟疑三秒钟以上，往往他最终给出的那个答案不是心里真实的答案，而是为了应付和取悦你而刻意描绘过的答案。

有些说谎高手懂得运用交流技巧，规避迟疑、思虑的时间，让人不会对他的回答产生怀疑。有个女人问男友："你真的爱我吗?"男友笑着反问："你说呢?"女人娇嗔道："不是问我，我是问你!"这时男友已经想好了令女人愉快的回答："当然，你就是我的唯一。"于是女人感动万分，却不知道在一问一答之间，男友实际上有一个迟疑和思虑的过程，很有可能对她说的只是一个美丽动人的谎言而已。

当说谎者不愿第一时间直面某些问题时，往往会通过"你说呢"这类反问的方式来掩饰自己犹疑、思虑的心理变化过程，并为自己争取到能够更加完美地回答问题的时间。说谎者可以通过这几秒钟的时间来观察寻问者的情绪变化，以便编造出最符合对方心意的答案。所以，对于不肯给出正面答案的人所说的话应该多加注意，也许他内心真正的意思与所说的话恰恰相反。

5. 轻易说出的承诺与秘密几乎都是谎言

人们总喜欢承诺一些事情，其目的主要是为了得到对方的信任，进而获取一些利益。他们之所以敢许下未来的承诺，则是认为来日方长的缘故。如果你要求他们提前一些时间兑现承诺，你就会发现绝大部分许诺者都会立刻打退堂鼓。

同轻易许诺一样，脱口而出的秘密往往都是谎言。有的人常常对别人郑重而神秘地说："我告诉你一个秘密，你不要告诉别人。"然而，事实上这个秘密也许已经被他告诉给了无数个人，而他之所以如此神秘和郑重其事，是因为他想要让你重视他说的话。

实际上，对于秘密，人是很难守口如瓶的。除了极少数的人能够长久地将秘密埋藏心中，绝大多数人都不会让秘密在心中藏得太久，如果他知道别人不知道的秘密，通常都有"告诉别人"

的冲动，因为自己一个人保守秘密，负担太重，泄密可以卸下心中的重担，同时讲出独家秘密可以满足炫耀的心理，并可以引起听者的好奇，博得听者的欢心。当然，这里的秘密是指与他人有关的，而不是与自己有关的，人们很忌讳提到自己的隐秘，而总是乐于说别人的秘密。

上面所述的几点语言异常表现，是生活中比较常见的一些现象，除了这些之外，语言的异常还包括说话声音、音调、语速等变化，这些异常的语言表现都在一定程度上反映出人们说谎的征兆。

第八章 用反应识人：
根据应激行为巧妙读心

人们在面临突如其来的刺激时，伴随着情绪的极端变化，身体本身也会产生一些相应的反应。由于这些反应十分细微，不易观察而被忽略。但是，心理学家告诉我们通过一些突然的应激行为，可以了解对方的内心想法和情绪状况。

面对刺激时的冻结行为

吃惊是人类的一种非常重要的情绪。如果留心观察，几乎每人每天都要或多或少地做出几种吃惊的动作。吃惊的反应其实带有一定的过渡性，它不包含爱、恨、喜、憎等心理倾向，只是代表对于"刺激"的意外感，随之而来的具体是何种情绪要根据刺激与人心理需求的关系而定。

吃惊的表情我们都很熟悉，只要闭上双眼就可以浮现出来。这一表情在漫画中可能会表现得更加夸张一些，那就是：眼睛睁大、瞪圆，嘴巴张开，有些人尤其是女性还伴有用手捂嘴的动作，眉毛上挑，身体动作幅度减小，或者根本就完全呆住不动。有趣的是，当我们观察一些动物的"萌图"时就会发现，不管是猴子，还是猫、狗、熊……各种动物的吃惊表情，特征都是如此，全部相同，无一例外。

其实这也说明人与动物的吃惊表情及其表现都来自于相同的进化过程。当人类还同其他动物一样，是自然界较为平等和普通的一员时，也要靠自身的力量去捕捉食物，保护自己，维持生存。因为弱肉强食的生存法则，当人们原本自由自在地在草地上享受阳光时，如果一瞬间感受到周围的气流发生了某种微妙的变化，嗅到了老虎等其他强大野兽的气味时，就会本能地停下所有的动作，将精力都集中在感官部位，用全力感受和判断周围的动静。这时，人的整个身体就会呈现出一种停顿和"冻结"的状态，停下来，不轻举妄动，是为了不暴露自己，也为了争取更多的时间和主动权，以便采取相应的对策。

在武侠片中，经常有这样的一幕：原本男主角和一群朋友在非常轻松地谈天说地，但是突然他的表情一僵，一反刚才的兴奋，严肃地站直身体，或者趴在地上，以耳贴地，倾听动静。因为男主角是武林高手，所以他在谈笑间以灵敏的感觉发现了十公里以外的动静，或者是一群马队正在向他们靠近，或者是屋顶上有一些不相识的"朋友"在进行秘密活动。而他那一瞬间的动作停顿，其实就属于一种吃惊的微反应。

综上所述，冻结行为是指人在受到意外刺激时，瞬间静止，尽量减少身体动作，以求回避他人对自己的注意，从而为自己争取判断局面，采取对策的主动权的微反应。这种反应可以形象地概括为"冻结行为"。

一般来说，人类的冻结行为表现在四个方面。

1. 面部表情

面对外部刺激时，面部的行为要克制很多，掺杂了很多主观控制的表现，比如勉强或者惭愧地笑。但如果外部刺激压力过大，冻结行为也会写在脸上，从而失去矜持，具体表现为面部肌肉僵化、表情呆板、缺少变化。在这个过程中，即使是最灵活的眼睛也会表现得呆滞无光。

2. 呼吸速度

呼吸的冻结行为是屏住呼吸或者降低呼吸的幅度和频率，也就是俗话说的"大气都不敢喘",这是经典的冻结行为之一。这种轻微呼吸的本质是隐藏,是为了不引起注意。同样的道理,在我们遭到负面压力,比如恐惧、忧虑等的时候,心理上也会希望通过隐藏的方式保护自己,减弱或者停止呼吸,试图减少对方对自己的关注。

3. 手部行为

在对局面没有控制感、缺乏安全感、担心出丑、不够自信等状态下,会出现手部的冻结行为。最典型的行为是把手交叉放在胸前,或者藏在兜里。一般人会认为这是紧张,而实质上这为了避免不利刺激。好比某一天在你没有做任何准备的情况下,被会议领导点名当着全公司同事的面演讲,如果你很少经历这种场合,相信你在起身后的一段时间内不知把手放在哪儿。

4. 脚部行为

脚部中最常见的冻结行为是双腿并拢挺直,肌肉僵硬。在一个人接受讯问或被批评时,神经系统受到强烈负面刺激,不会出现叉开双腿站立的情况,也不会出现其他非常随意的站姿,而是紧张地并拢站直,一动不动。坐姿中最常见的冻结行为,是把双腿交叉成一种不能乱动的状态,比如把双脚并拢在一起,或者紧紧贴在椅子腿上等。

愤怒到极点的"战斗行为"

在人的"七情六欲"中,愤怒是最容易被识别的情绪之一。中国有很多成语非常形象地表现了愤怒时的情态,"怒发冲冠"

"睚眦俱裂""愤愤不平""勃然大怒""雷霆之怒"……都可谓"语中有画"。看到这些成语，我们眼前就会浮现人们瞪大眼睛，头发和眉毛竖起，甚至用手砸墙等等行为，鲜活地展现出了愤怒的各种状态。与愤怒的情绪紧密相关的身体反应是"战斗行为"。之所以最容易识别，是因为动作幅度较大，波及的身体部位很多，从本质上讲，也会消耗很多人体的能量。

两个女孩在商场购买时尚女装，她们与营业员在服装赠品和价格方面有了争执。此时营业员开始出言不逊，说了很多贬低二人的话，诸如讽刺她们贫穷等。其中一位女孩性格比较强势，就与营业员开始争吵，争吵一会儿之后，那位营业员甚至有了骂人的行为。两位女孩忍无可忍，决定去找客服经理评理。此时，营业员看到那位女孩的双手在微微颤抖，而且面色通红，以为她害怕了，因而得意地笑了笑，并没有当回事。谁知半小时后，女孩真的将经理请来，因而营业员不可避免地被严厉批评。

在这个故事中，营业员凭借生活常识将女孩双手发抖的行为理解为恐惧，其实是错误的，这也是愤怒的一种反应。她没有综合地判断，没有联想女孩那犀利的眼神和使劲皱着的眉头，这个时候的微微发抖，是因为愤怒到了极点，全身的能量调度有些失去平衡，变得不好控制。

很明显，"战斗行为"出现在人感到自己被侵犯的时候，不管是身体被侵犯，还是尊严被侵犯，其实二者之间也有密不可分的关系。尊严被侵犯的情况，除了人身攻击，还有被贬低、不被认可的情况。在弱肉强食的原始社会，不讲感情，不讲伦理，强大与弱小之间，存在着残酷的追杀和被捕的关系。这时，人类和动物之间，是一种两军对垒的关系，只有输赢，没有共赢，因而对立就意味着生存和毁灭的选择。遇到敌人的时候，要么战斗，要么"被食"。所以愤怒会带来一系列的动作和反应，经过几千年的发展和进化，以"脸红脖子粗"为代表的一系列愤怒的表现动作，就固化了下来，进入人的内心深处，成为"战斗微行为"。

但是当我们步入文明社会之后，形成了一定的社会契约，一切冲突都会有组织或以司法的形式等进行合法解决。因而，社会的文明度要求我们必须控制自己的愤怒反应，弱化这种冲动，用理性控制情感，因而，原始的战斗行为就衍生出了侮辱、人身攻击、反驳、诽谤、激将法以及挖苦等"语言战斗"形式。这些语言并不能真正伤害到对方的身体，但实施者可以通过这种方法获得一定的心理快感。

李萍刚从大学毕业就进入一家公司工作，她没有足够的社会经验，对公司同事的个性和特点也一无所知，还一直沿用着在学校时直言直语、无所顾忌的处世方法。没想到，在一次工作讨论会上，她却因此而吃了大亏。她当众反驳了一位同事的提案，她以为自己是对事不对人的。然而，这位同事表面虽然笑脸相对，但是李萍却没有注意到在会议桌的侧下方，这位同事已经悄悄握拳，而且她的脸也已经涨得通红，其实内心里早已是难以抵制的恼怒，她把李萍的意见当成对她工作的否定，对李萍的反驳记恨在心。之后，她总是处处使坏，为难李萍，有时甚至无事生非，在领导面前说李萍的坏话，让李萍白白挨了一次批评。

李萍作为一个涉世之初的年轻人，并没有沉下心来到社会的大课堂上学习东西，结果吃了亏还不知其所以然，这也是我们应该注意的。无论什么情况，都要思考别人的感受，在有可能引起别人愤怒情绪的事情上，一定要谨慎再谨慎，还要注意留心观察，不要让别人的想法阻碍了自己的发展。

幸运的是，愤怒情绪是很难掩饰的，这就给我们提早拉响了警报，避免进一步刺激对方。愤怒是所有情绪中释放能量最大的一种，释放的能量超过了痛哭和狂笑。因此，愤怒情绪一旦暴发，全身每个部位都会协调一致，甚至毛孔都会竖立起来，进入明显的"战斗状态"。这种能量的释放，会反映在呼吸与血液循环等每一个细节中。人一旦产生愤怒，必然会增加呼吸的深度，试图吸入更多的氧气用于制造"能量"，用于"释放"，用于"战斗"。血液循环系统在愤怒情绪的指引下，会安排心脏加速用力收缩，提高血液循环的量和速度，同时血压升高，当事人自己会感受到有力的脉搏跳动。

具体来说，战斗行为从以下几个方面表现得比较明显：

1. 脸部的行为

"战斗"的欲望被愤怒的情绪点燃，行为人会出现身体前驱的反应，头伸向前、下巴下移、眼神犀利、虹膜（黑眼球）向上翻看、双眉紧皱、眉梢上扬、上下眼睑绷紧、鼻孔张大、咀嚼肌绷紧、嘴角向下、露齿等等，向对方发出"战斗"的信息。

2. 脖子变粗

由于行为人颈部肌肉绷紧、呼吸急促（偶尔发出"呼呼"声），兼之颈部两侧粗大的血管里流动着比正常水平多出的血液，血管暴涨，脖子会变粗，也就是常言说的"脸红脖子粗"。

3. 全身肌肉绷紧

具体表现为双拳紧握，同时无论是站姿还是坐姿，双腿肌肉都会呈现紧张状态，甚至会打战。

4. 言简意赅，偶爆粗口

极度愤怒的人往往不会说话或者很少说话，通常嘴会很用力地闭起来。如果"战斗"开始，所说的话也会尽可能单一且无意义，或者爆些粗口。

需要注意的是，这些"战斗行为"有些是伪装的。有时，行为人制造发怒的假象是为自己争取利益，或者回避关键问题等。因此，不能单凭某个小动作就判定对方即将"战斗"，而是要综合行为人的多种行为作出判定。

用逃离行为保障自己的安全

当一个飞行物向你直扑而来，为了避免让自己受伤，你有三个选择：一是站在原地一动不动（冻结行为），二是用手挡回去（战斗行为），三是避开飞行物（逃离行为）。

可是当你发现这个飞行物是一个重量级的铅球时，你觉得你静止不动无异于自杀；放手一搏吧，你的手又无力抵挡；最后见势不妙，你只能选择拔腿就跑，逃离这个巨大的威胁。

这种躲避刺激物的逃离行为是人们在感受到厌恶或恐惧的时

候会产生的反应，具体表现就是和刺激源拉开空间和心理距离。一般情况下，如果我们面对的刺激具有很强的威胁性，而自己又没有能力和信心消除隐患时，就会出现逃离行为。

远古时代的逃离就是逃跑，而现代社会的逃离则多以比较隐晦的方式出现。出现逃离行为，我们就可以判断行为人内心对刺激源所持有的负面情绪，比如厌恶或恐惧等。

如果你回顾一下你小时候的某些经历，你一定会发现自己曾有过一些"逃离"的行为，这些行为的目的可能是为了远离不利于你的人和事物的注意。从我们两岁左右可以和大人正常交流开始，家人总是会提醒我们，说"叔叔好"的时候，要一边对叔叔行注目礼……可是当你某一天觉得这个叔叔对你非常严厉，你一看到他就浑身发毛时，你在说出"叔叔好"三个字时，可能只转了下头，而躯体朝向一点儿没变，可能还会无意间拉开和叔叔的距离。

人随着年龄的增长，会逐渐认识到很多逃离行为是不礼貌的。于是，很多逃离行为逐渐从明显的距离变化演变成了隐晦的角度变化。这样既能满足自己对逃离刺激源的需求，也能在礼仪上说得过去，不至于让对方下不来台。比较典型的行为有以下几种：

1. 明显的逃离行为

明显的逃离行为指身体明显地与"刺激源"拉开距离，或者向后仰头，或者整个身体上半部向后倾。

在工作会议中，我们也常常会遇到那种讲话抓不住重点的同志，在讨论一个核心问题，希望得到解决时，大家都能简洁地表达自己的想法，唯有他，说说就跑题，而且还喋喋不休。在一场大约两小时的会议中，如果这个人如此发言五分钟，那么在三分钟左右的时候必然会有与会者感到不耐烦。此时，他们就会目光四处飘荡，或者埋下头在纸上无意识地涂鸦，这就是一种明显的逃离行为。

这种逃离行为还体现在"吓了一跳"的时候，或者二人交谈，其中一人给另一人以压力的时候等，这是生活中非常常见的。

2. 比较隐晦的逃离行为

主要表现在人的四肢，尤其是双脚开始有"逃离"的准备。这种准备表现在姿态的调整，调整的方向是远离刺激源。

有一天，FBI 的特工在机场巡查，目标是找出一个正在潜逃的杀人犯。特工们已经明白，此人很可能已经乔装打扮，不会那么轻易地被认出来。于是他们加倍留神，一处疑点都不放过。

在将近几个小时的巡查之后，特工们还是一无所获。就在这时，从机场外面走进来一个人。此人看起来很普通，从外表上看并无特别可疑之处，此时向着登机口走去。忽然，一位机场安保人员与他擦肩而过时，不小心碰了他一下。安保人员马上向他道歉，但他并没有礼貌地回以微笑，表示并不介意，而只是点了点头，没有张口说话。

FBI 的特工看到了这一幕。他们注意到，在安保人员和此人身体接触的那一瞬间，此人的脚几乎是同时摆出了一前一后的姿势，这有点像短跑运动员在起跑线上常做的动作，其实是典型的"逃离行为"。特工们锁定了这一目标，将他找去长谈，后来他果然在交谈中露出了更多的破绽，最终供出了所有的罪行。

在这个例子中，FBI 的特工得出判断结论是根据罪犯的微反应。对于普通人而言，保安是一种保护力量，而不是威胁力量，因而，如果不是因为"心虚"，对安保人员的反应不应是恐惧和准备逃离，这在逻辑上是说不通的。

日常生活中，这种反应也普遍存在，比如在内心对某人有厌恶的时候，就会试图拉开与他的距离；在一场无趣的谈话或活动中，会在结束之前就把手放在包上，或者椅子扶手上，表示"一分钟也不想多待"的含义。

3. 眼神的变化

逃离行为中更加细微、不易察觉的，就是眼神的变化。比如，在一场友好的会面中，如果双方相谈甚欢，一方的眼神可能会一直与另一方有交流，但如果有一方对话题不感兴趣，他就会将眼神移向别处。在说谎时，这种情况也会发生，那就是表明此人心里有鬼，不敢直视另一个人的眼睛，出现了视觉逃离反应。

人在紧张的时候，神经系统已经开始为"逃跑"做准备了。于是，身体里的血液会向腿部集中，而手部则供血不足，所以会冒冷汗，手上发冷。此时如果与人握手，就有可能被察觉到真实的心理。

捍卫自己的领地是人类的天性

自然界中，大多数动物都会建立自己的领地，并留下各种记号用以标示。一旦有同类或相近的动物入侵，领主们就会发出声音警告甚至攻击入侵者，摆出一副"我的地盘我做主"的姿态。

许多蜥蜴喜欢展示自己的强健肌肉，经常做大量的"俯卧撑"，摆动着头部，露出颈部颜色鲜艳的皮瓣。这种展示行为其实是对入侵者的警告，告诉对方："别擅自闯入，否是别怪我不客气！"

当两条接吻鱼相遇时，双方会不约而同地伸出长有许多锯齿的长嘴唇，用力地相互碰在一起，开始"接吻"，而且长时间不分开。不要误会，这种"热吻"其实不是在亲热，它们是在为领地打斗。接吻鱼具有极强的"领地意识"，经常通过长嘴唇相斗来解决领地争端的问题，直到一方退却让步，"接吻"才宣告结束。

其实，从远古时期开始，动物界的族群们就为了争取和维护自己的生存空间而相互争斗。对于踏入自己领地的"非我族类"的敌人，它们会毫不犹豫地采取驱逐策略。随着不断地进化，这种对领地的占有欲不但没有消失，反而变得越来越强烈，适用范围也越来越广。"领地"可以是切实的空间，也可以是某种权利、荣誉、情感等抽象的东西。

这在人类身上体现得尤其明显。人们在自己的"领地"上会表现出一种主导者的风范，表现得轻松、自在、威严，给人以"一切尽在我掌握之中"的感觉。如果有人敢于挑战他的领地范围，逼近他的安全距离，则会激起他强烈的警觉和反击。这就是所谓的"领地行为"。

科学家罗伯特·安德列在其著作《领域的必要性》中说道："人类的领域感来自于遗传，并且根深蒂固而不易改变。"每天都去图书馆学习的学生会发现，一段时间之后，他会对图书馆中的某一个座位有特殊的感情，每次去都想坐在那里。也许，根据这一习惯来推断，伟大的革命导师马克思在伦敦大不列颠图书馆的水泥地上印下脚印，也就可以理解了。结婚十年的夫妻会发现，虽然没有事先约定，但是两人各自会习惯性地睡在床的一侧，而不会常常互换位置。一个旅游团队的人刚到海滩上玩的时候，也会先"扎营"，宣告自己的位置，虽然是暂时的。这些都是领地行为的典型体现。

领地行为有两种基本形式，即对领地的确认和对领地的保护。

身体语言是人类对自身领地确认的一种常见方式，如电影明星在没有化妆的情况下，不愿意素颜面对观众，而此时恰好又有不配合的娱乐记者拿着机器猛拍，有时，明星就会做出将手臂向前方伸直，手掌张开，看起来有点像想挡住镜头的姿势，其实就是以手臂为主体形成一个"保护圈"，心理暗示自己这个圈子内的范围属于自己，是他们侵犯不到的地方。

2012年12月18日，英国广播公司报道，英国外交大臣黑格宣布，将以女王的名字命名英属南极洲领地的南部地区，作为英国外交部赠予女王登基60周年的礼物。这片南极洲土地位于英属南极洲领地的南部。

虽然伊丽莎白女王本人不太可能视察这块"领地"，因为那里温度低、海拔高，不适宜人类生存。但是黑格说："英属南极洲领地是英国十四块海外领土中独特而重要的一块。把这片土地和女王陛下永远地联系起来，是极大的荣耀。"而女王伊丽莎白二世也在社交网络上说："黑格先生的这份礼物要比卡梅伦内阁送我的60个杯垫好多了。"

然而，英国此举并没有得到所有国家的承认，比如阿根廷和智利。因为这片与阿根廷、智利等国在南极洲声称拥有的领土互相重叠，因此对南极洲领地的所有权一直有争议。

南极是一片新开发的领地，因而世界各国都想"占个座"，英国以女王名字命名的行为，无非就是想宣誓自己的所有权。而阿根廷等国对此问题的异议，也是不想放弃自己"领地权"的体现。

一个人犹如一个团队，一个团队犹如一个国家，从国际政治角度上讲，"领地"是指国家凭借军事、政治、经济力量，所控制的领土，宣称对它享有独占的权利，不许其他国家染指。从民间社会的帮派势力、小团体作比，"此山是我开，此树是我栽。要想过此路，留下买路钱"的民谣就通俗地说明了这一问题。个人也是如此，人家盖房子，修篱笆是最基本的。除此之外，地方人士在有外来朋友的时候，尽"地主之谊"，也是这个道理。一般来讲，人们在自己领地中，微反应表现为"掌控感"，行为上更加轻松自如。

企业的领导一般在日常工作中形成了较强烈的"掌控感"。在他的公司里面，哪怕是进入了狭小的电梯里，他也决不会瑟缩着站到角落，而是会双腿叉开，自然地占据较大的面积。因为，这是他自己的"地盘"，他在潜意识认为自己是可以"做主"的，很舒心。然而，如果他到上级单位汇报工作，就不会做此动作了。

另外，领地反应还表现在"主权"不可侵犯，藏獒就有这一特点。它们把自己所在的小环境理所当然地视为自己的领地范围，具有很强的统领欲和占有欲。如果别的动物"胆敢"侵入这片领地，它们会勇猛地扑上去驱赶。同时，它们也会对屈从者进行保护，对强大的冒犯者进行攻击。如果有陌生动物进入它们的势力范围，它们就会表现出强烈的使命感和责任心，甚至可能丢下刚刚抢到的一块美味肉骨头，为"保护家园"而勇往直前。

无论中西，人们在入座的时候都会注意自己的位置，也会给领导者或德高望重者留出好的位置，这正是领地意识的表现。在外国，在一个家庭里，坐在椭圆形桌子或者长方形桌子两头位置上的人，往往是"权威"者，比如父亲，即"一家之主"。而在中国，长辈习惯于坐在"八仙桌"的上首，俗称"朝南"，这几乎与中国古代朝堂之上，皇帝的"坐北朝南"意义相同。同时，我们还可以根据在场的其他人所坐的位置与核心人物的远近距离等方面，观察此人地位的高低。在民国大师林语堂先生的著作《京华烟云》中，聪慧过人的姚木兰在 10 岁左右的时候，去参加别人家的丧礼，只用眼睛大概一扫，就能够判断出灵堂里的各色人等与主人是什么关系，而且大都八九不离十，其思维原理正与"领地"所反映出的人物关系有关。

总体来说，人们经常通过一些小动作表示自己对领地的掌控，表明自己是一方土地的主宰。有些军人或警察习惯用双手叉腰，给人以威武、不可侵犯的感觉。

与双手叉腰相类似，人们坐着时双手抱头的动作也是一种领地行为。具体就是，身体后倾于椅背，双手交叉于脑后。相信，很多在自己办公室座位上的人都曾做出过这种姿势，表明自己是这儿的主导者。但是，如果老板走进了你的办公室，你一定会赶紧正襟端坐，因为老板才是最大的主宰者。

另外，双手向外伸出的长度和广度也与对领地的捍卫存在着某种联系。双手向外张开，长长地伸出，意味着：我很自信，我主导一切。很多政治人物在演讲时，通常会挥动双手，给人以很强的感染力。在事关"领土纠纷"时，他们往往张开双臂，道出"某某地是我们的"。而一个玩得高兴、手舞足蹈的孩子看到一名严厉的老师后，会很自然地将双手收回，甚至拘谨地将它们交叉到胸前。而当两个人热烈地拥抱在一起的时候，就该这样解读：我的领地是你的，你的领地是我的，我们坦诚相待！

通过"领地行为"，我们可以通过观察一个人的姿态和动作判断出其内心是否具有安全感和轻松感。比如说，如果你不确定恋爱中一男一女之间的关系进展如何，不妨观察他们近距离接触的行为。如果一方（通常是男方）要将手搭在另一方肩上，而另一方则将身子一扭，躲在一边，就好像是说"不要靠近我"，这意味两人的关系还不甚亲密。

不适应时就寻求自我安慰

一个羞涩男在对自己心仪已久的女孩示爱的时候，常常会口吃，紧张得说不出话来，边停顿边暗暗吞咽口水，以强力压制快浮上嗓子眼儿的心跳。

一个被告者，即使他是无辜的，在律师的严厉逼问和原告的指控下，仍然会手足无措。这时，他一定会不自禁地向听众席看一眼，如果他能看到母亲或者爱人温和、坚定的眼神，那么他的内心一定会镇定很多。

一个刚刚入职不久的女孩子，不小心在工作上出现了失误，在领导与她谈及此事时，她很有可能会不自觉地摸摸自己的嘴角，或者揉抚脖子。

……

这些都是典型的自我安慰行为。确切地说，安慰行为是指人在遇到压力、受到批评、被否定等负面刺激的时候，所表现出来的试图安慰自己的身体动作，目的是缓解内心的不安。一旦有人较为明显地表现出这种安慰行为的动作，则表示他的内心有比较严重的负面心理情绪。

在美国的一所华丽的大房子里，住着一位孤独的老妇人。她年轻的时候曾经在事业上取得辉煌的成就，退休之后，光芒逐渐褪去，不幸丈夫又去世了。虽然她有足够的金钱可以保证较高水平的物质生活，但是退休之后，她的生活明显没有从前那么快乐了，性格也由原来的和蔼可亲变为孤僻、怪异，整个人越来越苍老。儿女们都很孝顺，也很爱她，却想不出好的办法让她回归之前的生活状态。

后来，一次偶然的机会，她儿子的一个朋友来看她时，终于发现了问题所在。小伙子发现，在他与老人交谈的时候，老人虽然在言语上并没有透露出任何的不快乐，但是她一边说自己没有遇到不开心的事，一边却用手不停地抚摸着在沙发上躺着的、她最喜欢的宠物狗。而且她还会抚摸小圆桌的桌角，铺着的桌布，以及其他的东西。小伙子看出了这些动作的含义，他觉得老人很寂寞，很希望日子过得充实、有滋有味儿一些，而不是如现在这般枯燥。于是，小伙子帮她找了一份义工的工作，虽然不能挣多少钱，却让她重新找到了生活的激情，老人很快就快乐了起来。

老人在与小伙子谈话过程中所做的动作，就属于自我安慰行为。一般来讲，自我安慰行为的过程必定涉及人的一处弱点，比如上述故事中老妇人的孤僻和渴望价值感。而人的内心都有脆弱的一面，即使表面上再强势，也还是会把内心真正的担忧、不满等情绪反应无意识地反映在动作形态上。其实，说谎之后的微反应一般都属此类。

从科学的角度讲，人的这种安慰自己的行为来源于婴儿期从母亲那里得到爱抚的体验。刚刚告别母亲的子宫，来到陌生世界的婴儿，有时必须触摸母亲的身体，才能消除恐惧的感觉，找到安全感和舒适感。英国动物学家莫里斯说过："身为动物的我们，所获得的最初的印象，必然是在母亲的子宫壁保护之下、完全处于漂浮状态时产生的亲密肉体接触感。"而事实证明，即使是在与母体分离几十年之后的成年人时代，这种身体的亲密仍是必不可少的。自我触摸和抚慰的现象在如今的人类社会仍然十分常见，我们有必要更加仔细地观察和了解这一现象，并以此为工具，在读懂他人心思的方面，取得有用的成果。

安慰行为是多种多样的，有的明显，一眼就能看出来，有的比较隐晦，难以察觉。猛嚼口香糖、大口吸烟、舔嘴唇、手托下巴、手抚脸部、把玩身边的一些物品（笔、唇膏或手表等）、梳理头发、一手紧抓另一手的臂膀或双手搓腿等是比较常见的安慰行为。而某人轻轻弹衣服或校正领带的位置等，看起来可能像在打扮自己，实际上是在安慰自己紧张的情绪，这也是缓解压力的安慰行为。

具体来说，安慰行为可分为以下四种：

1. 颈部安慰行为

接触或抚摸颈部是最有效且是使用最频繁的安慰行为之一。心理学家通过研究表明，男性的这类行为力度较大，就像"抓耳挠腮"一般，用手抓或扯衣衫盖住下巴以下的部位，刺激那里的神经组织，其好处在于降低心率并达到让自己平静的效果。有时候，男性会用手指按摩脖子两侧或后侧，顺势调整领带打结处或衬衫领口的位置。

而女性的颈部安慰行为则有很大不同。例如，有时女性的颈部安慰行为表现为抚摸、扭转或把玩项链。女性还有一种颈部安慰方式，就是用手覆盖她们的胸骨，也就是俗称的"美人骨"。很多女性在感到压抑、恶心、恐惧、不适、焦虑或受到胁迫时就会用手抚摸或拉扯衣领覆盖这一部位。

2. 脸部安慰行为

脸部有很多神经末梢，这使它成为人们进行自我安慰的"重灾区"。触摸或按抚脸部是缓解压力的常用方法，主要动作包括：揉搓前额、触摸嘴唇、用手指拉耳垂、抚摸脸颊、触摸胡须、把玩头发等。此外，有些人会通过鼓足腮帮吸气然后再缓缓呼气来达到自我安慰的目的。

3. 声音安慰行为

有一些人喜欢自言自语，目的也是为了缓解当时的压力。一些人会长吁短叹，发出"嘘""呼"的声响。还有些触觉和听觉安慰方法是可以同时使用的，如用笔敲桌子或用手指打节拍等。

4. 口舌安慰行为

除了吹口哨、吞咽唾沫、舔或者抿嘴唇等口舌部位的明显异动，过多的哈欠也是安慰行为，只是它非常隐晦。有时，我们会看到一些处于不适状态下的人不停地打哈欠，发出轻微的"哈"声。当我们感到不适时，常会觉得口干舌燥，而打哈欠可以将压力传递到唾液腺上，迫使唾液腺释放出水分缓解忧虑造成的口干。在这种情况下，人们打哈欠并不是因为没睡好，而是因为有压力，需要缓解。

安慰行为的产生基于人们寻求舒适感的心理需求，近乎于天然的条件反射。在不舒适和安慰行为之间存在着某种必然联系：不适产生安慰行为，反之，我们可以由一些安慰行为判定行为人心里不适的状态。

通过仰视行为揣摩对方的内心

下巴相对于眼睛、鼻子和嘴，往往不为人所关注。然而，面相预测和自我定位时，却会被视作重点。

在古代有多少功高震主的功臣是被自己"得意的下巴"害死的，更可悲的是他们自己对此往往一无所知。比如，曾经热播一时的宫廷剧《甄嬛传》中就有这样一幕：

雍正皇帝的军务大臣年羹尧在西北平定叛乱，立下赫赫战功，他的妹妹华妃宠冠六宫，整天打扮得华丽无比，与皇后叫板对阵。年羹尧得胜回京后，眼高于顶，对与他同朝的大臣不屑一顾。只有看到皇上，总算还记得自己的名姓，言语上还晓得"谦卑"一番，只可惜他内心的傲气已"洋溢"在外，身体的每一动作、身上的每一处毛孔都透着"恃宠而骄"的无礼因子。他与皇上的一次见面，身体语言便将其彻底出卖。

当时的情景是这样的：因为年羹尧帮皇帝打跑了"反对派"，身份上又是皇帝的大舅子，皇帝除了赐坐，还少不了一番推心置腹："你与朕在外是君臣，在内是亲戚。你我君臣，一定要做一对千古榜样人物才好。"年羹尧听后，身体竟快速向后仰了一下（注意这个动作），下巴抬起，双手双脚都呈敞开状，回道："臣必当粉身碎骨，以报君恩。"皇上听后，眼神有一瞬间的游移，短暂地落在年羹尧双脚的方向，和蔼地说道："你便坐好吧，动不动就谢恩。"

大臣面对皇帝大都谨小慎微，为尊上者内心深处也享受着这份"小心"，因为这"小心"里是对权力的服从，可年羹尧此举，身体后仰、下巴抬高，虽然言语上感恩戴德，但身体的姿态已经表明他的身心非常放松，绝对不是在诚惶诚恐地谢主隆恩。在掌握生杀大权的皇帝面前露出如此骄态，实在是祸不远矣。

一个小动作将年羹尧的恃宠而骄、得意忘形表现得淋漓尽致，其所想与所说不符，已通过微行为暴露无遗。而皇上的表现则深藏不露，眼神和煦中有凌厉，杀机初显，恐怕内心充满得意的年羹尧是不太可能看得出来的。

即使是在人们的直觉中，抬高下巴的行为也是让人不悦的，因为这一动作中总透着一丝不屑和傲慢。这表示行为人本身具有一种非常强势的自我认同和角色定位。可以想见，"我天生就比你高贵"这种心态与"相互尊重"的人际关系准则相悖，除了在森严的等级社会中用于树立为上者的权威之外，在其他任何人际关系中都无法真正讨好。因为所有人都希望被平等地对待。

仰下巴属于仰视行为的典型体现，也是在人类漫长的发展和进化过程中逐渐形成的。在原始社会的群体生活中，人们逐渐发现高大之人的天然优势，他们能摘到结在更高处的果子，有更大的力量和更强烈的威慑感，在与野兽作战时有更大的把握和胜算，一般相对处于弱势的人会认为这种人比自身更有能力，于是不禁产生了敬畏感。

这种对"高大"的尊重本来产生于现实的物质生活领域，而在人类进化过程中逐渐得到强化。而体力劳动在人类生活中的作用逐渐弱化，智慧的力量慢慢突显出来，"高大"又由此延伸出了精神上更高一层的内涵。仰视心理由对物质生活的需要演变成了社会礼仪和精神追求。

下巴扬起几乎可以作为傲慢的经典的动作，除此之外，还有面露不屑，甚至不正眼看人的情况，此时，傲慢的心态就表现得更为明显了。

与此相反，低头、藏头、谨慎迈步、并拢双腿、屈膝等姿态则是人自我定位较低、将自己放在较弱势位置的体现。如非确实如此，那么多有此类动作的人也是想要树立自己在人前的谦逊形象。中国传统的儒家文化强调尊重父母、君上，于是这些动作时常发生在下对上的动作之中。如有名的"孔鲤过庭"故事中有"鲤趋于庭"，这句话的意思当然不是有些同志们戏谑的"有一条鲤鱼在庭院里游过"，而是孔子的儿子名叫孔鲤，一天，孔子在庭院中问儿子话，因为在父亲面前，孔鲤做了一个很有礼貌的动作，即"趋"，在古代即小步快走的意思。

以"趋下"表示尊重，还有一个典型的例子，是宴席间敬酒。有一个心照不宣的礼仪是，后辈或身份、地位低的人都懂得将酒杯杯身放低，以自己的酒杯上半部碰对方酒杯的下半部，以表现一种"就下"的态势，这也是仰视行为衍生出来的。而为"尊上者"如果修养良好而且待人和蔼，往往也会将酒杯降低以表示尊重对方，双方人格平等，不以地位论英雄。

由此可见，"仰视行为"表现在身体的本能动作上，也存在于所有人心灵深处。因此，切不可轻易露出傲慢的行为以示人。虽然微行为是人体本能的反应，但这种本能是由人内心的自我定位决定的，当我们内心将自己与别人平等地放在一条水平线上时，这种让人反感的小动作自然会减少。其实，每个人对自己的评价都还是挺高的，而做出傲慢的动作等于强迫与自己交往的对象处在一个"下"的位置，必然会引起对方的反感；相反，如果能够有意地展现谦逊的一面，则能让自己更容易被他人接受，赢得更多的人缘和帮助。

谁胜谁败，你一目了然

古语有云："胜，不妄骄；败，不惶馁。胸有激雷而面如平湖者，可拜上将军。"这句话是用来形容有"大将"之风者面对成败，举重若轻的态度。但也许很少有人想到，人们之所以如此推崇这句话里所表现出来的气度，正是因为大多数人实际上做不到这一点。而"宠辱皆惊""患得患失"才是大多数平凡人的通常表现，因为它是符合人性的，因而会在身体微行为中被很明显地表现出来，而表现出来的行为就是胜败行为。

胜败行为之所以能够帮助我们阅读他人的心理，是因为这些身体微行为不仅表现出胜利和失败两种结果，还能反映当事人的心态，这是最重要的。也就是说我们可以从中看出人们面对成败结果的时候，是兴奋、得意、炫耀，还是悲伤、压抑，这些心理能够方便我们选择接下来与之交往所要采取的策略，也能够推测当事人未来将进行的活动。

在某年度大型音乐节目的颁奖礼上，主办方邀请了当红的一位女星助阵帮忙开奖。该女星当年刚刚走红，与其他资深嘉宾尚不可同日而语，但能够得到这样一个机会，她内心还是感到无比荣幸。尽管她在典礼上竭力控制"受宠若惊"的表现，但是在献唱的时候，人们可以看到她的眼角和眉角上扬，可谓"眉飞色舞"，而身体也情不自禁地兴奋起来，"手舞足蹈"。这是典型的胜败行为，而且是其中的胜利行为的表现。

从中不难分析出她不仅仅是得意，甚至有点"忘形"。她没有很好地控制自己的情绪，结果被娱乐记者抓住，大做文章，产生了一定的不良影响。因为这种不够"谦逊"的心理可能不太会被一部分观众认可。

胜败行为是比较容易被理解的一种微反应类型。人们常常在照相的时候用食指和中指组合成一个"V"字型的手势；运动员在奥运会上夺冠之后，会大力弹跳起来，双手握拳；在武侠剧中，两人决斗，失败的一方通常会埋下头颅，双手下垂，更有甚者，身体可能会一下子瘫倒在地。正所谓"玉山倾倒再难扶"，这是胜败行为的典型表现。

不过，我们也可能会遇到那种心理状态极佳的胜利者和失利者。他们喜怒不形于色，赢了也不会兴奋得不知所措，输了也不会丢掉自己的风度。在他们身上，难道就不会体现出"胜负行为"吗？不是的！

在美国一档益智答题脱口秀节目中，主持人向在场的参赛选手出了一个猜测题目："各位选手听好，左边的是史密斯先生，右边的是格林先生。他们是一次行业最高荣誉评选中的热门候选人，实力相当。就在刚才，评选的结果出来了，他们两人也得到了这个消息。请问，谁能告诉我，他们中是谁最后赢得了竞争？补充一句，他们中只有一个获胜者！"

台上的选手一个个将目光投向这二人，只见这二人气度非凡，都是一样地昂首挺胸、自信满满。场上的选手们在这二人身上找不到哪一个更像胜出者的证据，因此都拿不定主意。这时，一名选手提出一个请求，希望史密斯先生和格林先生面对面说几句话，然后他会告诉主持人正确的答案。

主持人接受了他的请求。当史密斯和格林二人对视一眼，相互说了句"恭喜"，这让其他选手更加迷糊了，难道是两人都获奖了？可主持人说只有一个胜出者啊！

这时，那位提出请求的选手给出了答案，说："史密斯先生赢得了这项荣誉！"主持人再三确定他坚持自己的答案后，大声宣布，说："恭喜你，答对了！可是，我很好奇，你是怎么猜出来的?"

　　"我不是猜的,我是有根据的。在他们两人对视的一刹那,我发现格林先生的眼睛不自觉地眨了一下,而史密斯先生则神态自若。要知道,两个竞争对手中的失利者在面对胜利者时,总会有些不自然的!"这名选手这样回答,博得了场下观众的一片热烈的掌声。

　　面对面与战胜自己的人交流,失利者的内心不会是绝对平静的,一定会做出体现这种不平静的行为,这也是参赛选手能够分辨出谁胜出的窍门。其实,在生活中,每个人都可能做过与上述"胜负行为"相同或类似的动作。比如说,我们在完成一项高难度工作时(从广义上来说,这也算一种胜利),经常会站起身来,对着窗外长长地舒展身体,伸个懒腰,眼睛则盯着远方或向上看着天空。即使一个人的内心再平静,多么不动声色,面对胜负时也总会显露出一些迹象。